一楠思想

青春霸道

A GREAT DREAM

白手起家　励精图治　从0到亿的18条总裁绝学

张一楠　真诚作品

山东人民出版社
国家一级出版社　全国百佳图书出版单位

图书在版编目(CIP)数据

青春霸道/张一楠编著. —济南：山东人民出版社，2012.7（2017. 10 重印）
ISBN 978－7－209－06291－6

Ⅰ.①青… Ⅱ.①张… Ⅲ.①人生哲学—青年读物
Ⅳ.①B821－49

中国版本图书馆 CIP 数据核字(2012)第 090504 号

青春霸道
张一楠　编著

山东出版传媒股份有限公司
山东人民出版社出版发行
社　址:济南市胜利大街 39 号　邮　编:250001
网　址:http://www.sd-book.com.cn
市场部:(0531)82098027　82098028

新华书店经销
山东华立印务有限公司印装

规　格　16 开(170mm×230mm)
印　张　13.5
字　数　200 千字
版　次　2012 年 7 月第 1 版
印　次　2017 年 10 月第 2 次
ISBN 978－7－209－06291－6
定　价　32.80 元(赠《菜花宝典》)

《青春宣言》

我的青春，将这样度过：

____

____

____

____

____

____

____

____

____

____

____

承诺人 ________

时　间 ________

序一

人生的导师

云南省山东商会　副会长
深圳一生一本科技公司　董事长　张明勇
明日之星助学工程委员会　运营长

一楠是我的良师益友，他外表温和儒雅，内心狂野勇毅，知识渊博独到，观念耳目一新。和他交流，常给人醍醐灌顶的感觉，很多事情一针见血，直抵核心。

我通篇读过《凶猛成长》、《嚣张奋斗》、《青春霸道》，内容精彩纷呈，令人心结顿解，全部是一口气、一次性读完。读完之后，不仅没有感到疲倦，反而欲罢不能，连晚上入睡都成为困难，这的的确确是一部“决不能在深夜阅读的人生奋斗秘籍”。因为书中犀利无比的观点和真诚无比的奋斗故事会让所有有理想、有抱负的人血脉贲张、奋勇前行。

现在明日之星的家人们都已经成为了一楠老师的粉丝，很多人可以大段大段地背诵书中的精彩篇章，上到副总裁、总监下到普通员工都在书中汲取到了营养，开启了智慧，学会了自我激励和“利他精神”。公司在短短一个月的时间里经一楠老师的指导，业绩提升了3倍之多。所以，一楠的著作不仅可以励志，还可以增加智慧，更可以增加财富。更加重要的是，这些充满智慧的文字让你去做正确的事情，少走弯路，加速了成长的速度。

一楠“以天下为师然后师天下”，虚怀若谷，人低为王，感悟之深刻，方法之实用，深深地吸引着我，读完后深受启发。

希望每位阅读此书的人都能够拥有非凡的成就，因为——你已经拥有了登高的咒语。

序二

传播智慧，造就大爱人生！

山东思八达文化传播有限公司　总经理　**宋红波**

认识一楠是在两年前的思八达智慧课堂上，现场的5000多位企业家都在认真聆听，只有这个年轻人闲不住，不但竖起耳朵听得入神，而且飞舞十指在一台笔记本电脑上快速敲击，贪婪地汲取着课堂上每一缕对他有用的商业智慧。

思八达，是中国“商业智慧传播机构”，一直致力于创建“中国创业家孵化器”，提升企业家的精神境界，引导、提升、服务中小民营企业，为老板换芯片，为企业找“魂”。一楠说思八达已经帮助他找到了后半生事业的“魂”：为一亿中国人普及工作教育，用工作改变生活，改变命运。

我非常赞赏这位年轻人的雄心壮志，也希望每个人都能够明白自己工作和事业的意义，同时帮助更多的人明白“成长、成熟、成功”的意义和价值。

从一个草根青年成长为成熟的企业经营者、智慧的讲者、从容淡定的作者，这是一个跌宕起伏的曲折过程，也是无数年轻工作者、青春创业者努力奋斗的缩影，更是中国无数劳动者辛勤拼搏的缩影。在这个波澜壮阔的时代，我们看到了未来的希望和梦想的光芒。正如思八达的企业口号那样——让我们一起实现梦想！

一楠和他的著作像是一盏盏路灯，照亮了很多年轻人的前途。我们也希望每个人都可以成长为明灯，成长为太阳，帮大家前行，带给大家温暖，带给大家一片生机盎然。

最后，祝愿一楠帮助更多人成就人生；

祝愿中国的企业家们拥有更多的智慧；

祝愿伟大的祖国繁荣昌盛；

祝愿中华民族早日复兴！

序三

梦想，在此刻灿烂绽放！

腾飞教育创始人、董事长 **司 磊**

最初认识一楠兄是在我创业的初期，当时的我只有24岁，“腾飞教育”也处于起步阶段。

在这期间，一楠兄在全国100多个城市演讲了1000余场，影响了20万人。接受他培训的学员包括世界500强企业的总监、职业经理人，还有民营企业的董事长、老板、中高层领导、基层员工，以及全国多所大学的优秀大学生。在这个过程中，一楠兄也逐渐成长、蜕变，甚至“脱胎换骨”，演讲风格日趋成熟，运营智慧日益高深，已经从一位职业演讲者“凶猛成长”为中国最优秀的企业经营者。

在这期间，我和“腾飞教育”也从一个班招到两个班、十个班、一百个班，一个校区、两个校区、十个校区，并在很多城市落地开花。目前，我和我的团队正在朝着中国大型综合教育集团的目标努力迈进。

六年了，一楠兄突飞猛进地成长，我和“腾飞教育”也在一日千里地发展。我们兄弟两人就像两条平行飞行的炙热的激光，以最快的速度直抵各自的目标靶心。

讲台上的他激情四射，工作中的他沉稳果敢，生活中的他却是一身江湖气息，最讲“兄弟聚义”、“快意恩仇”。

我感觉他的身体里流淌着男人雄性十足的血液，敢于在关键时期将所有的力量、才华、经验、野性集中爆发，产生巨大的威力。

他最擅长在一个最有前途的领域里脱颖而出，继而锋芒毕露！我也要学习他这种善于学习、善于转化、善于带领企业为社会创造最大价值的能力和气魄。

他的性格特点是专注，他在企业培训、工作教育这个行业里浸染了十年，断绝了一切与梦想无关的事情。

他的梦想含苞十年，此刻终将灿烂绽放！

一楠兄，加油！

“腾飞教育”的所有家人们，加油！

中国教育，加油！

序四

一封忠实读者的来信

——《凶猛成长》、《嚣张奋斗》读后感

楠哥，你好！

其实，这个还算不上读后感，只是读了一部分，迫不及待想要表达，想要跟你交流。我相信人与人之间的缘分，有些人第一眼看见他，就知道会发生一些事情，不是过客，是会留下一些痕迹的那种人。第六感，直觉，说不清，却很准。我觉得你是我生命中的一位贵人。或许你来到我的生命中，不是以普通同学朋友的角色出现，不是以同事上司之类的角色出现，也不是在琐碎生活中的某种相遇，而是精神上的莫大救助者。我记得第一次见到你的时候，一眼看见你，觉得倍儿亲切倍儿熟悉，仿佛一眼能看到心底，特能理解，你说的话特能听进去，我想，我长这么大，上了这么多年的学，仿佛身边就一直缺你这样角色的人出现，就一直等待你来点醒和帮助我了！在此，说声谢谢！再鞠一个躬！

我读《凶猛成长》时，最大的感觉是生命力，强大的生命力，排山倒海，无所畏惧的磅礴气势。读《嚣张奋斗》，现在还没读完，目前最大的感触是两个字：真，深。我能感觉到你写这本书时的强大真诚，我觉得说一个"真诚"不足以表达我感觉到的真诚，呵呵。有时候，气场这个东西很难用清晰明了的条条框框去分析把握，但我很抽象很强烈很直接地感受到了楠哥的一片诚心和一腔热血！另外，觉得这本书内容挺深刻，挺实在，挺接地气，急我们之所急，写我们之所惘。

刚刚拿到这本书，我从最后面开看，看了几页内容才看的封面，说真的，我被"全心全意励志人民"这句话感动了，以前我觉得这种话特虚伪特官方，现在我知道，我犯了一个错误，因自己不能做到而揣测别人也一定不能做到，我没有这么高尚的理想别人也一定没有这么高尚的理想，我这种想法多么荒唐！我很理解你想要给这个社会给年轻人带去“正能量”的想法和行动，我觉得我的表达不够充分，就是那种你在公交车上给老人让座而接受到了老人赞赏的目光，在路上看见身边有个小孩摔倒把他扶起来那种快乐的感觉，我觉得传达“正能量”是个特别幸福的事，心里特别高兴和满足！

你的微博上写过“在寒冬里行走，本身就是一种思考。夏天，我走在街上，总是被热闹的氛围吸引，无法思考。冬天来了，我走在寒风里，大脑很清醒，异常的冷静。”我很赞成，确实如此，热闹繁华的路途终究好挨些，直面真相的道路却冷清之极、寂寞难耐。有时，在深刻的道路上难耐寂寞，却又舍不得这清醒的静流，因为只有这些静流最终流入我的心里使之饱满丰硕，而热闹最终留下的只有不痛不痒无可厚非的空白。

楠哥，你是我的偶像，这句话我说得很负责任。向你学习，以你为榜样！

对于办事拖延却又完美主义的我，最喜欢《罗张奋斗》中的这句话：其实完美的开始永远不会来到，我们又何必等它呢？

在我看来，写作就是真实地记录，我努力从我熟悉的词汇中挑选可以准确表达自己感受的词语，真诚地表达。这篇读后感是我的一点点感想，与你交流。

祝楠哥

吃好睡好　身体健康　幸福快乐！

一名忠实粉丝

目　录

绝学1

信仰，就是相信你没见到的！

我改写了臧克家先生最著名的一首诗《有的人》——

有的人开着名车吹着口哨，有的人却推着三轮车愁眉苦脸；

有的人幸福快乐、笑颜如花，有的人却唉声叹气、苦大仇深；

有的人掌管着上市公司、挥斥方遒，有的人却依靠政府救济、可怜之极；

有的人穷一生之力解救苍生于水火之中，有的人却抱着家财万贯在孤独中逝去。

为什么人与人之间有如此巨大的差别？

形成这种差别的根源又是什么呢？

这种差别，最初源于思考方式的不同。

想什么就会做什么，做什么就会验证什么，验证什么就会相信什么。每个人想的不同、做的不同、验证的不同，时间长了就形成人生的差距。

我认为：思考+行动+验证+相信+时间=信仰。

如果你没有信仰，不要紧，但是千万不要对有精神信念的人用猥亵言词。要知道，很多人之所以平庸一生，缺就缺在没有信仰。这世界什么都在变，什么都不可全信，唯有信念不变、不动、永恒。

信仰的差别，看不到、摸不到、无声无息、无影无形，等你发现与别人有差别的时候已经晚了。即使具有同样家境、才能、学历、甚至相同相貌的双胞胎，他们每天思考、行动、验证、相信的内容都会有很大的差别。每天有一点差别，长年累月下来，两人的思考程序和行为方式就会形成巨大差别，他们的人生也会出现两种截然不同的走向。

世间的每个人都是从一个相同的起点出发，最终走向千差万别的不同终点。

途中的差别是由哪一种神秘的力量拉开的？

是信仰的力量！

人与人之间的终极差别就是——信仰。

暂时还没有信仰的你，请认真阅读下面的文字吧……

信念决定后半生

先讲一个小故事。

黑人司机载了一对白人母子。

白人孩子问："为什么司机伯伯的肤色和我们不同？"

白人母亲回答："上帝为了让世界缤纷，创造了不同颜色的人。"

到了目的地，黑人司机坚持不收钱，他说："小时候，我曾经问过母亲同样的问题。母亲说我们是黑人，注定低人一等。如果她换成你的回答，今天我肯定会有不同的成就。"

看完这个小故事，我们可以得出结论：**你一定要慎重地对待自己相信的内容，因为你相信什么，你的后半生就可能成为什么！**

如果你想知道：为什么隔壁的二狗子成了企业老总，风光无限？为什么自己堂堂才子（或佳人）还要给别人打工、看别人的臭脸色？很简单，二狗子的信念程序比你强大。一件困难的事情，你试了两次放弃了，二狗子可以一试再试，屡败屡战，死缠烂打，直至成功。我不认识你认识的这个二狗子，但是我可以断定他是一个遇事敢于拼命死磕的汉子，因为这是一个公司CEO必备的能力。那么，为什么他敢冲上去拼命？因为他的信念坚定，在他的生命里没有“犹豫不决”，只有“坚信不疑”！他坚信：老子可以成！

《西游记》里的唐僧没什么本事，只是有西天取经的坚定信念和降服徒弟的能力；

《水浒传》里的宋江也没什么本事，只是有被招安的坚定信念和笼络人心的能力；

《三国志》里的刘备也没有什么本事，只是有当天子的坚定信念和收罗爱将的能力。

所以，做CEO的必备良药就是——**坚定的信念和聚拢团队的能力。**

朋友们，如果大家不懂得使用信念为自己服务，就太可惜了。不！简直就是悲剧！**世间所有的庸人都是因为缺乏信念而碌碌无为，世间所有的猛人都是因为信念坚定而光宗耀祖**！当你坚信某一件事的时候，就是给自己的潜意识下了一道不容置疑的命令。有什么样的信念就决定你会有什么样的力量，一切的决定，一切的思考，一切的感受与行动都会受控于这一种力量，它就是信念！

有的人会问：观念，是一个人对一件事的看法；信念，其实也是对一件事的看法啊，二者差别在哪里呢？

问得好，不过我可以用一句话概括二者的差别：**二者差别就差别在看法的牢固程度。**信念，就是相当牢固的看法，雷打不动，风吹不摇的看法！相比之下，观念的牢固程度就要逊很多，观念随时都有可能因时因地而改变。

行为科学研究表明：人类95%以上的行为都是按照习惯行事的，信念的力量之所以巨大，是因为95%以上的情景之中，人类的行为按照信念的指挥而行事。所以，如果一个人的信念系统出了问题，那么他95%的行为也会随之出现问题。这就可以解释为什么抗日题材的电视剧中，一个原本不坏的人一旦投靠了敌人，就会做出更加丧心病狂的事情。一个好人的信念系统一旦出了问题，变成了叛徒，他95%以上的行为就会呈现出叛徒的特点。同样道理，一位官员一向清正廉

缺乏一个坚定的信念你将停步不前。

明，因为他的信念系统是——为官不为民做主，不如回家卖红薯。一旦这个官员向有求于他的人伸了第一次手，后面的索要通常是肆无忌惮、令人发指的，因为下水后他的信念系统变成了——为官不为己做主，不如回家卖红薯。

我可以负责任地断言：**你有什么样的信念，就会有什么样的后半生。**

信念，并非与生俱来。信念程序，是后天"安装"的。**既然如此，我们每一个人都有选择"安装"哪一种"信念程序"的绝对自由。**因此，请每一个人都慎重地选择自己的信念系统程序。问题来了，如果你还没有成功，就不知道什么才是成功的信念程序，怎么选择呢？虽然你没有成功，但是你可以辨别身边谁是成功的人，直接模仿、复制、安装，甚至偷学身边成功者的信念程序就可以了，但是一定要持之以恒，不可半途而废！千千万万不要为了省事，向身边的平庸人寻求答案，因为他们给予你的一定是平庸的思维和信念程序。也不要不过大脑地、简单地去认同多数人的想法。世界上最顶尖的资讯，一定早已被安装在了最顶尖人物的大脑之中，只有他们的信念系统可以帮助我们不在黑暗中摸索，不再浪费时间，可以直接达成目标。

你可以通过阅读书籍（比如"励志大师"系列，哈哈）、上课、访谈、询问、观察、总结、试错、偷艺等等方法探寻到成大业者的信念程序。比如，今天你学到了一句话"**信仰，是相信我们没见到的！**"就要把这句话放在你视力可以触及到的所有地方，比如贴到卧室的墙上、厕所马桶旁边、手机开机界面、电脑屏保等等。要学会使用视觉化的力量不断强化，让自己每天重复地看到，直至成为自己大脑中的本能反应为止。

拥有信仰的两大要素——速度+重复

告诉大家一个小方法：速度+重复，会产生能量；速度+重复，会产生效果。

问大家一个问题：你感冒的时候，是吃一次药会好，还是一天吃三次药，连续吃三天身体会好起来？你一定回答是后者，连续三天吃药病好得快一些，这就是“速度+重复”的力量。大家都知道“量变导致质变”的道理，“速度+重复”就是让你加快“量变”的速度，让“质变”快点到来！

比如，你每天在纸上写“开心、开心、开心、开心、开心、开心、开心、开心、开心、开心”，重复次数多了，你就会开心了，你也不知道为什么就开心了，其实是因为“开心”在你脑中出现的频率多了，占据了你的主要思想，成为了你的信念程序。如果你不相信，没有关系，请你现在在纸上写“悲伤、悲伤、悲伤、悲伤、悲伤”，或者“我想自杀、我想自杀、我想自杀”，看看有没有效果，如果你写负面的内容可以产生负面效果，那么你坚持写正面的内容，也会产生正面的效果。

学生考试升学、白领增加收入、创业者实现梦想也是一样的道理。**人不会拼命去做他不相信的事**！如果一个员工不相信公司老板的决策，他怎么去行动？他怎么能有动力去执行公司的战略？他必须高度认同公司的战略，才会采取行动。真诚地采取行动，才会有结果。**所以，首先是认同，认同之后产生相信，相信之后采取行动，行动之后产生结果**。对于一个公司老总来讲，让员工相信就是经营的命脉所在，因为让人相信是人世间最难的事。**宗教和政党最擅长的事情就是——让人们相信。**

大家一定熟悉一句歌词：“没有共产党就没有新中国”。只有相信“没有共产党就没有新中国”，我们才能拥护党的领导、党的决策，只有发自心内心拥护了，老百姓才会采取行动。因此，写成歌每天唱N次，才把新中国迎来了，全国才迎来了解放，才有了社会主义新中国。从这个角度来讲，重复地相信直至信仰，可以通过人民群众的力量来建立一个崭新的国家。

佛经要每天念4万遍，如果你是一个想要通过创富改变命运的打工者，请把“月收入2万元”每天念4万遍试试。你敢试，每天4万遍，你就能实现这个收入目标。你不敢念4万遍，你就不能成功，你一辈子就是贫困者。**人就像一台电脑硬件，信念就是软件，改变自己首先要改变自己的软件，即信念系统**。具体做法是：每天早、中、晚重复3次，连续1个月、2个月、3个月、半年、1年。你只要敢坚持，你只要敢行动，你就能成功，否则此生休矣！

大家知道吗？

美国钢铁大王卡耐基每天看目标1000次。

世界上任何一个宗教都认为：**重复可以让教徒更加坚信。**

比如你一说到冬天，马上就联想到冷，是你多次触摸后得出的经验。**当你越是累、越是心灰意冷的时候，越应该重复目标。**先让你的心中没有杂念，空无一物，然后只管一心一意地写目标、念目标、确认目标。疲倦时，心灰意冷时，马上写出你的目标与梦想，重复写，内心就会渐渐平复，开始积聚力量。这种方法用在经营爱情和家庭方面同样适用，跟老婆吵架时，马上写出爱老婆的十条理由，重复写，马上就会抱着老婆痛哭流涕，感恩戴德。

安德鲁·卡耐基　20世纪初的世界钢铁大王，生于苏格兰。28岁时开始用全部资产设立凯斯通桥梁工程公司（Keystone Bridge Works），致力于钢铁生产行业，成为美国的钢铁业大王。卡耐基认为：财富不应当传给自己的后代。临终前立下遗言：要把剩余的3000万美元全部捐出。他有一句名言："一个人死的时候如果拥有巨额财富，那就是一种耻辱。"

记住：你会得到你持续不断、重复思考的结果。你重复想什么，你就是什么！英文中有一句You are what you repeatedly do.（你重复做什么，你就是什么）也是同样的道理。毛泽东、阿拉法特、甘地、曼德拉、马丁·路德·金这些伟大的男人都是靠牢不可破的意念胜利的典范。

你持续不断地看到什么、听到什么、触摸到什么、想到什么，你的生活就是什么。这就是意念重复的巨大威力。

你要持续不断地想象目标，全力以赴地想象目标，身临其境、无比逼真地想象目标，仿佛快要看到目标一样。失败者想想就放下，成功者时时想，天天想！持续思考就会持续拥有。持续的想像会变为现实。所有财富，都来自于你的思想，持续不断的思想，波涛汹涌的思想。

从"想象"到"成为"的五个步骤

一个人梦想什么，在某种程度上反映出他在现实生活中缺少什么。如果一个人想成为千万富翁，说明这个人多半是一个缺钱的穷人，才会梦想拥有巨大的财富；如果一个人想成为位高权重的官员，说明这个人出身于平民家庭，父母都没有做过官，此人才会对权力有着不一样的神往。

现实生活中缺少什么并不可怕，可怕的是——你对自己特别想要的东西不敢追求！

因此，如果一个草根青年想成就一番事业，首先做到的就是——**敢想**。

你特别想要什么就想象什么；
想象什么就相信什么；
相信什么就重复什么；
重复什么就信仰什么；
信仰什么，最终，你就成为什么！

凡是我们梦想的，都可以实现。

为了能够真真切切地帮到大家，我再一次牺牲自己的隐私，用自己的亲身经历来启发大家。

一年前的我还是美国上市公司的一位职业经理人，收入不菲，衣食无忧。有一天，我猛然想起了儿时的写作梦想，就开始努力写作。小时候的每个周末，爸爸都带着我去看电影。那时候，我坐在爸爸的自行车后座上，无比兴奋。有一次，看完电影，我突然对爸爸大声说："爸爸，我要当作家！"爸爸听了之后，把我狠狠地夸了一顿，说："小子，有志气，你一定可以！"长大后，我一直记着当年的誓言和老爸的鼓励，一年前开始写作，到目前为止已经出版了三本励志畅销书，我不会罢休，还会继续写下去。

我坚信：凡是我们梦想的，都可以实现！

第一步，想要什么就想象什么。

一年前，我开始想象自己会成为一名成功的作家。为了确保这个梦想可以实现，我长年累月地"做美梦"。每天晚上睡觉前，我全身放松地躺在床上，开始在脑中肆无忌惮地描绘美轮美奂的"作家梦"。每天的这个时候都是我感觉最快乐的时光，尽管公司里的管理、运营工作很累，但是"作家梦"使我充满了力量，随时随地感受到梦想的快乐。我会想象第一部书的名字，第二部书中包括几个章节，第三部书多么受读者好评，每一部书都激发了读者内心沉睡的潜能，激发他们永不疲倦地奋斗、拼搏！不怕大家笑话，我甚至想象全国所有的新华书店、所有的图书批发市场、当当网上书店、卓越亚马逊书店、京东商城、淘宝网都在销售我的“大作”，而且每部书出版不到三个月就脱销，出版社和印刷厂马上加印，哈哈……

第二步，想象什么就相信什么。

我的这种相信不是来自于对我自己有利，更多的来自于“帮助他人”的想法。很奇怪，每次当我相信写作可以使自己得到回报的时候，内心的行动力量并不是特别大。但是，当我每次想到：我的书可以帮助无数年轻人树立人生目标、勇敢追梦、让他们的父母更加欣慰这种“利他”的效果时，我的内心就会波澜壮阔，无法自已。我觉得自己的写作是有价值的，是在“救人”，是在“全心全意为人民服务”，此时，我写作时的思路就会“如滔滔江水，连绵不绝”。我相信这件事可以做成！

第三步，你相信什么就重复什么。

每隔四个月，我就会有一本新书问世。很多认识我的人都很奇怪，这家伙哪来的时间写作？是的，我周一到周五白天在公司上班，而且我们公司是把女人当男人使，把男人当驴子使，白天忙得团团转，周六周日还要到处给大学生、公司白领、企业老总演讲，所有的时间都是排满的，哪来的时间写作呢？

我的回答是：所有的清晨和深夜！

普通人的生活无非就是“工作”和“非工作”，如果他们用了八个小时工作，就会用剩余的十六小时睡觉、娱乐，这样太浪费青春年华了。我的生活方式完全不同：**为了能有时间写作，我独创了“三八式”工作法，即把每天的二十四小时分成三个八小时，八个小时处理日常工作，八个小时写作，八个小时吃饭睡觉。**这样，我就从一天里硬生生挤出了八小时用于做自己最喜欢做的事情。

鲁迅先生说："我把喝咖啡的时间用在工作上。"我想说："我把别人逛街、打游戏、睡觉、闲聊、泡吧、逛夜店的时间用在了心爱的写作上！"仅此而已。

第四步，你重复什么就信仰什么。

人类所有的发明、发现和创造都是持续确认的结果。

当你反复确认一件事情的时候，不断写、不断听、不断做、不断看、不断确认，它将变为现实。

爱迪生说：我能发明电灯是因为我每天想着这件事。

希特勒说：谎言重复1000遍就会变成真理。

一位成功者，无论他是枭雄还是英雄，无论他是流传千古还是遗臭万年，他们都有一项独门绝技，为世人所不知，那就是——靠千万次重复意念获得坚定，又通过坚定获得他人死心塌地的追随，最后成为最顶级的人物。

我每天重复地写作、演讲，也因此一步步走近作家和演讲家的梦想。**同时，更重要的是懂得犒赏自己。因为我知道——"所有持续的原因都是因为成就感。"**如果我想持续地写作，就得听到别人夸我、认可我的作品。人非圣贤，没有成就感、没劲的事情，谁能坚持十年以上呢？于是，刚开始写作时，我都会仔细地呵护自己的成就感。每写完一篇文章，我就把它上传到人人网公共主页上（我的人人网公共主页：张一楠、工作大师、创业大师）以及新浪微博上（张一楠-老九），让全国的读者先睹为快，然后微笑着享受读者们对这篇文章的美誉之词。我上传得越多，读者夸奖得越多，我写作的动力越大，我就会快乐地、持续不断地写下去。遇到少数不喜欢某篇文章的，极为个别，可以忽略不计，我的写作心情依然大好！每顿饭拿着白馒头，想蘸白糖蘸白糖，想蘸红糖蘸红糖。开心，就会继续写下去。

给小读者签名

重复的最大功劳就是，得到——专业+快乐。这句话怎么理解？一件事情，你重复的次数多了，你就会比别人更加了解、更加熟练、更加专业，直至登峰造极。当你在某个方面已经是"独孤求败"的时候，你就拥有了"忽悠"别人的资本。因为你是绝对的专家、权威，你怎么说别人就得怎么听着，你拥有绝对的话语权，别人对你只有“高山仰止，心向往之”的份儿。这种耀武扬威、趾高气昂的气派是每个人都喜欢的，我也是凡夫俗子，不能例外啊。

迈克尔·杰克逊（Michael Jackson，1958.8.29—2009.6.25）在世界各地极具影响力的歌手、作曲家、作词家、舞蹈家、演员、导演、唱片制作人、慈善家、时尚引领者，被誉为“流行音乐之王”，他魔幻般的舞步更是被无数明星效仿。

专业、快乐过后，你就会更加坚信自己在这方面的天赋和才华，假以时日，你就会信仰自己就是被上帝派来干这件事情的，就像“摇滚之王”迈克尔·杰克逊就相信自己是“上帝的乐器”一样。这种想法一旦成了信念，就可怕了！你会拥有像核武器一样巨大的力量，可以在瞬间将一切障碍炸得灰飞烟灭！没有人挡得住你！

当我在写作方面更加专业以后，扑面而来的就是思考程序的全面升级，以及由此带来的成就感、快乐和幸福。越写越上手，越写越有感觉，一部部书稿就这样在手指和键盘之间的和谐演奏下诞生。那一刻，我是一名作者，也是一名演奏者。

第五步，也是最后一步，信仰什么你就成为什么！

有了想象——相信——重复——信仰这四个步骤作为前提，在这个过程中你又收获了梦想、技能、专业、快乐、他人的认可、市场的回报，慢慢地，你最初想象的事情渐渐变得更加清晰，更加鲜活，更加触手可及。这时候，你以前梦想的、无形的东西都变成了现实的、有形的东西，最终，你一定会——成为。成为你想成为的人，得到你想得到的东西。

现在，大家看到的是我的第三部书，而就在一年前，我还是一个完完全全不会写书的人。怎么就出版了三部书？自己想想都恍然如梦，其实无非就是做到了**“想象——相信——重复——信仰——成为”**这五个步骤而已。现在很多人看了我上传到网上的文章总问：你是专业作家吗？我笑而不语。现在是不是专业作家又有何关系呢？当我出版到第十部书的时候，哪怕我铁嘴钢牙死活不承认自己是作家，恐怕我的读者群、书店和出版社也不答应了。

人生的困惑在于：脚下道路纵横交错，我们不知道抬脚迈向哪条；

人生的痛苦在于：眼前的问题错综复杂，我们不知道从哪里解开。

没关系，因为所有的成功者最初所拥有的只是梦想，以及毫无根据的自信而已。但是，所有的一切，就从这里出发。

我以前有很多的困惑和痛苦，每当看到街上孩子们清澈的目光和无邪的微笑，总是非常羡慕。现在我明白了，孩子们都有一种他们自己毫无觉察的信仰，就是总是看到美好的事物，总是向往美好的事物！他们的人生充满快乐，也是因为他们信仰美好，尽管他们自己不知道那是一种信仰。成人应该向孩子们学习，学习相信，学习相信美好，学习将相信美好转化成信仰美好！

一个人活得带劲，活得有力量，活着可以立功、立德、立言，死后可以成为后人的精神楷模，就是因为他心中没有质疑，只有一种确定，这种牢不可破的确定，就是信仰。有了这样一种东西，你就知道怎样应对所有的问题和苦难。

晚清“中兴名臣”、一代大儒曾国藩在咸丰皇帝大丧期间也敢纳妾，是因为他认为这并不违背他的人生信仰——对百姓负责而不是对朝廷负责；在之后的一片骂声里，他也可以坦然面对，也是因为他认为这并不违背他的人生信仰；而左宗棠对他冷嘲热讽之后，盖棺论定时还是极其推崇其人格，也是因为曾国藩是一个有信仰且能坚守信仰的人。

我推崇一种“倔强”的人生，就是你要坚定地坚信、坚持、坚韧、坚强，总之，一切与“坚”字有关系的都是这种成功人生的坚固基石，真的！而支撑“坚”字的是一种无比强大的精神力量，一种呼啸而来的坚信，这种力量的名字叫做“信仰”。

朋友们，世间有没有一种灵丹妙药可医人生千辛万苦？

我的回答是：有！

是什么？

信仰！

人活一生，难免遇到各种各样的是非，这样那样的磨难，那么，用什么来拯救自己？

用信仰！

曾国藩　晚清重臣，湘军的创立者和统帅者。晚清“中兴四大名臣”之一，官至两江总督、直隶总督、武英殿大学士，是中国历史上最有影响的人物之一。有评论者说：“如果以人物断代的话，曾国藩是中国古代历史上的最后一人，近代历史上的第一人。”这句话说明曾国藩是近代中国最显赫、最有争议的人物。他的人生，他的智慧，他的思想，深深地影响了几代中国人，以至他虽已去世一百余年，提起曾国藩，人们仍然津津乐道。

请将“坚”字植入自己体内。

小到个人，大到国家、民族，答案也是相同。如果国家遇到危难，我们当拿出什么来拯救她？

同样是信仰！万众一心、众志成城的信仰！

我一万次地恳请大家牢记一生的信仰，一定要把信仰贴在你目力所及的每一个角落，时时提醒自己。**当然，最重要的是把信仰的图腾纹在你的心灵深处，不可有片刻的遗忘。**

没有信仰的人是没有希望的人，同样没有信仰的民族也是没有希望的民族。如果你可以拥有信仰并用一生来坚守，那么再怎么普通平凡的小人物三十年后都将成为一位万人敬仰的大人物。**当你做到了信仰一件事，就将获得与这件事相关的一切。**

古往今来，成大业者何止千千万万，我们从他们身上看到、学到了高明无比的方法、深不可测的智慧，但是我们更应该穿越历史的迷雾，看到他们身上那种伟大的精神和情怀。

人生需有根柢，方可撑持世间变化！

这种可以撑持人世间风雨、坎坷、挫折、变化的“人生根柢”，就是那种傲世而立的精神、信仰、理想与情怀！

有一天，你终于攀上了人生顶峰，微风徐徐吹来，天地为你开怀。你站在登峰造极处远眺人生的一个又一个高峰，你的目光、你的思想、你的精神与信仰，延展千年！在那一刻，你的耳畔响起了一句话：

信仰，是相信我们没见到的。
信仰的回报是，见到我们所相信的！

绝学2

拜师的三重境界

I need a teacher.

每个人的一生中会有无数次的迷茫、悔恨、不知所措，有时候你早上一睁眼就会遇到令你头疼不已的麻烦，你努力了、尽力了、拼命了，但结果还是不尽如人意，令你感到无所适从。此时，困惑、焦虑、绝望中的你会想：我究竟应该怎么办呢？我的人生到底将走向何方？谁能给我指点一下？

这时候，你最需要的，就是一个人能够指引你，你的问题在他那里最好能够一点即破。如果真有这样的前辈站在你身边，你的进步速度将会飞快，更为重要的是，你的未来将会逐渐显现，并且清晰无比。

我仔细观察了一下生活中的问题，有三个方面最令人困惑：

第一、怎样做父母？没有人系统教你，需不需要老师？

第二、夫妻之间怎样相处？离婚率居高不下，也没有人给你一套完整的理论指引你幸福地生活，需不需要老师？

第三，怎样在公司里出人头地？怎样在商场中创业成功？更没有人点拨你，需不需要老师？

总而言之，无论现在的你处于人生的哪一个阶段，都会产生一种需求，即——**I need a teacher.（我需要一位老师）**

迷茫困惑时能有一位导师指明道路，这种人是相当幸福的。你对导师也会崇拜不已，他会成为你心中的偶像甚至英雄。他的作用在于告诉你人生不要设限，他用自己的生命历程教育你：他可以，你也可以！

以后不要轻易用自己的头脑思考，那样突破不会太大，你自己想

这个字中藏有大乾坤。

出来的结果跟你现在的状态和成就不会相差太远。**你要观察谁在这个领域已经取得结果和成就，就拜他们为师，他们怎么做，你就怎么做。每天进步一点点，慢慢的，你的巨大进步就会日益显现。**

有一件事情非常奇怪：从小学到中学，到大学，再到公司，我遇到过十几位老师，对我帮助最大的往往不是课堂里的老师，而是生活中的老师。而且，对我指引最多的不是我认识的老师，而是素昧平生的老师。虽然没有相见，但是他们的行动和演讲通过报纸、杂志、书籍、视频、音频等媒介直抵我的心中，他们的人生历程如此的与众不同，如此精彩异常。我被他们鼓舞，被他们鞭策，他们促我警醒，使我反思。他们的一言一行都在提醒我：我也可以成为他们那种人！

我曾经拜过五位老师，其中四位是著名的企业家，一位是著名的政治家、国家领袖。每当我遇到人生的困惑，我就会进行思维的“乾坤大挪移”，我会想：如果这五位老师遇到相同的问题，他们会怎样处理呢？每次这样想，都会觉得自己的这点事儿摆在他们面前根本就不是事儿。从他们的角度想问题，眼前就会豁然明朗，解决问题的方法就会出现。

我这种拜师的方法非常独特，相信很多人从来没有听说过。我不能独享这种成长的通道，一定要把自己拜师的经验分享给大家，让每一个人的成长有坚实的保障。

初级境界——以大师为师

在我的经历当中，拜师分为三个境界，**初级境界是——以大师为师。**

你可能会非常惊奇，向大师学习居然是初级境界？没错，因为后两种境界更牛、更狠、更猛，绝对让你的人生翻天覆地，不信你就往下看。

何谓“大师”？给学生带来一系列刻骨铭心大改变的导师，谓之“大师”。正所谓“老师让学生明白，大师让学生醒来”！大师一定会让你拨云见日，重见光明！

这种拜师方式的前提是——自身的努力+眼光。

世间没有一个孩子一出生身旁就站着一位慈祥的导师笑眯眯地看着你，等着给你上课。**要成才，你必须寻找自己的人生导师。**寻找他，结识他，学习他。有些人年纪轻轻就可以取得耀眼夺目的成就，为什么？因为有一个巨牛的导师站在他的身后。**年轻的成功者只不过站在了导师的肩膀上而已。**

小沈阳身后站着赵本山，刘翔身后站着孙海平，李开复身后站着罗杰·瑞迪（一会儿我们会讲到这位美国大师的故事），杨永庆身后站着柳传志……当然，这种拜师还有一个前提，你本人是一块好材料，值得导师雕琢，值得导师培养。如果小沈阳、刘翔、李开复、杨元庆本人不是那块材料，再好的狗屎运都不会砸到到他们头上。

看看李开复的老师是怎么培养他的。

当年，年轻的李开复在卡耐基·梅隆大学追随导师罗杰·瑞迪研究“语音识别系统”。这位导师来头很大，是总统特别委员会的成员，因为拥有远见卓识而受到政府的尊重。他不喜欢任何的社会活动，只是一心沉浸在自己的计算机世界中。

罗杰·瑞迪　美国总统特别顾问委员会信息委员会成员，美国国家工程学院和美国艺术与科学学院院士，“图灵奖”获得者，2009年当选中国工程院外籍院士。美国卡内基梅隆大学计算机学院院长，也是前Google中国区总裁李开复在美国留学时的导师。

作为导师，罗杰·瑞迪最杰出的与其说是他的学问，倒不如说是他的眼光和品格。他有一种深刻的感悟力，知道通向未来的道路在哪里。有一次，李开复说自己不相信导师主张的“专家系统”是计算机语音识别的正确方法，打算使用统计学的方法另辟新路。一个享誉世界的大师面对一个尚未毕业的学生的质疑，将会怎样做呢？

你可能会猜出两种情况：

1. 学生即使不同意老师的想法，也不会说出来；

2. 如果老师不同意学生的想法，就不会支持学生。

但是故事的结局证明，如果没有罗杰·瑞迪不遗余力的支持，李开复根本不可能取得如此巨大的成功。这位智慧的导师虽然不同意学生的观点，但是始终告诫学生：“如果你有信心，就坚持做下去。”他为学生提供最好的机器，寻找最新的资料。让李开复暑假不要去打工浪费时间，让他留在自己的研究室里，外面公司开多少工资，他给同样的待遇。就这样，李开复和他的合作者每天工作16个小时，每周七天，坚持了三年半时间，写了无数论文，10万行程序。最终的结果是，李开复的研究成果在国际权威会议上引起了轰动，直到今天，全世界研究语音识别的专家们，仍在使用李开复和其搭档当年开创的方法。

这就是大师——“我不同意你课题中的观点，但是我坚决捍卫你研究课题的权利”。学生比老师正确，会让学生看不起老师，但是老师的支持和鼓励照样可以赢得学生的全部尊重！

罗杰·瑞迪的观点是：研究课题，没有学生和老师的界限。双方是合作者，是共同的研究者。他们应该去鼓励各种各样的思想。做研究，没有人能够保证你一定成功，所以要保持灵活，应该鼓励去尝试各种可能性，宽容各种思想。

拜大师为师的目的，是学习某一种技能（比如“语音识别系统”、二人转、110米栏、互联网等），**同时也在学习大师兼容并包的眼光和胸怀。**

与大师谈话，时刻能感受到一种大眼光、大关怀。与大师聊天，讲的都是大事情，说的都是人类将来会怎样，新技术将要走向何方，科学的终极使命是什么。他的话题会让你产生一种感觉：你身边那些琐碎的烦恼都不值一提，鸡毛蒜皮的小事情，你绝对不好意思说。跟他进行一次随意的聊天，就有可能改变你一生的走向。你费了好多精力和时间才做好的一个项目，到了他那里才知道早过时了，大师他老人家十年前就做过了。然后告诉你新的领域是什么。**你和这样的高手在一起，就会觉得世界越来越大，思想的深度和厚度都大不相同了。作为拜师者，大师的每一个观点、每一句话、每一个动作，都要复制、吸收、改进，变为自己成长的营养。**

中级境界——以每个人为师。

拜师的中级境界更有意思，有一座城市，100%的市民都达到了这种境界，不管男女老少。2003年，我去山东的省会济南演讲，从火车站走出来就上了一辆出租车，司机第一句话就是：“老师，您去哪儿？”我觉得太奇怪了，这位司机居然精通相面之术，第一次见面就知道我的职业。我疑惑地问：“师傅，你怎么知道我是老师呢？”司机告诉我，济南人把每一个不认识的陌生人都称作“老师”，就像其他地方尊称陌生人为“先生”一样。我不禁感慨：这座城市真是把“尊师重道”做到了一流的水平，这种人文风气也正是我想提倡的，以每一个人为师，用“吸星大法”从他们身上吸收能量和精华，为自己所用，突飞猛进地蜕变。

以前我实在觉得孔老夫子的名言“三人行必有我师”是他老人家在向世人“秀”谦虚，但是现在我的观点改变了。这是一种从他人身上吸收能量，强大自己的好方法，适合很多没有接受过学校正规教育但有着强烈进取心的年轻人，比如当年的王永庆、松下幸之助。有人问到松下幸之助的成功秘诀，他说：**“成功，就是向所有人学习他们所有的长处！”**

向身边每个人学习，我看来，这已经是一种相当牛B的心态了。然而，这种方式学到的内容杂乱一些，需要你的梳理和归纳，去粗取精，留下精华。同时，向每个人学习，可以让你逐步做到人情练达，瞬间洞察人性。如果你做的工作与“为人处事”相关，这种学习方式就应该被你使用。

“台湾经营之神”王永庆从一家小小的米店起步，最终发展为台湾工业界的“龙头老大”。

怎么做到的？

怎么完成了最初的龙门一跃？

当时大米加工技术比较落后，出售的大米里混杂着米糠、沙粒、小石头等，买卖双方都是见怪不怪。王永庆则多了一个心眼，每次卖米前都把米中的杂物拣干净，这一额外的服务深受顾客欢迎。

王永庆卖米都是送米上门，他在一个本子上详细记录了顾客家有多少人、一个月吃多少米、何时发薪等。算算顾客的米该吃完了，就送米上门；等到顾客发薪的日子，再上门收取米款。

他给顾客送米时，并非送到就算。他先帮人家将米倒进米缸里。如果米缸里还有米，他就将旧米倒出来，将米缸刷干净，然后将新米倒进去，将旧米放在上层。这样，米就不至于因存放过久而变质。他这个小小的举动令不少顾客深受感动，铁了心专买他的米。

大家发现王永庆是米商中的“异类”，怎么会做那么多份外的事情？

王永庆　台湾台北人，台湾著名的企业家、台塑集团创办人，被誉为台湾的“经营之神”。15岁小学毕业，王永庆便到茶园当杂工，后又到一家小米店做学徒。第二年，他就用父亲借来的200元钱做本金自己开了一家小米店。1954年筹资创办台塑公司，资本额在1984年营业额达30亿美元，占台湾国民生产毛额的5.5%，在民间企业中首屈一指。与台塑集团企业有着存亡与共关系的下游加工厂超过1500家，如今，台塑集团在世界化学工业界居“50强”之列，是台湾唯一进入“世界企业500强”的企业。

原因是他把顾客作为自己的“老师”，“老师”的需求就是自己的工作。

就这样，他的生意越来越好。

后来，他谈到开米店的经历时，不无感慨地说：“虽然当时谈不上什么管理知识，但是**为了服务顾客做好生意，就有必要掌握顾客的需要，没有想到追求实际需要的一点小小构想，竟能作为起步的基础，逐渐扩充演变成为事业管理的逻辑。**”（“以顾客为师”的经营理念让王永庆成为台湾的“经营之神”）

我认为，以每一位顾客为师，用心对待每一个顾客，这是王永庆发展壮大的秘诀。

请你写下向身边的人学习的内容。

我要向父母学习________________________________

我要向邻居学习________________________________

我要向亲人学习________________________________

我要向男（女）朋友学习__________________________

我要向老公（老婆）学习__________________________

我要向最好的三位朋友学习________________________

我要向三位同学学习_____________________________

我要向小学老师学习_____________________________

我要向中学老师学习_____________________________

我要向大学老师学习_____________________________

我要向同部门的三位同事学习______________________

我要向部门经理学习_____________________________

我要向公司总监学习_____________________________

我要向公司董事长学习___________________________

我要向顾客学习________________________________

我要向市长________学习_________________________

我要向省长________学习_________________________

我要向国家领导人________学习____________________

……

终极境界——以天下为师，然后师天下。

这个境界典型的代表人物，是我无比尊敬的小平同志。

解释一下，从前半句想必你已经看出：这种境界的出发点是天下、世界、全球，完全称得上大视野、大境界、大格局，不拘泥，不设限，没有边界。**是的，我们的第一步，不是向某一个具体的人或者某一个具体的事学习，而是以天下为师学习天下的精华，以红尘为师吸收红尘的智慧，以宇宙万物为师洞察宇宙万物的运行规律。**你可以设想，这是一种何等壮阔、宏大的学习境界！

以天下为师，最重要就是“消化”二字。走到哪里消化哪里，看到什么事消化什么事，遇到什么人消化什么人。

比如，周末你去电影城看场电影，这完全是生活中的一件小事，别的观众看完电影要么被感动，要么哈哈一笑就忘记了，放松一下而已嘛。但是，你不可以！你要对这部电影反思，这部电影哪里成功，哪里失败，哪里打动了观众的内心，哪里为导演赢得了票房，你都要“师”（学习），然后从这部电影中提炼出指导自己人生和事业的无敌智慧。

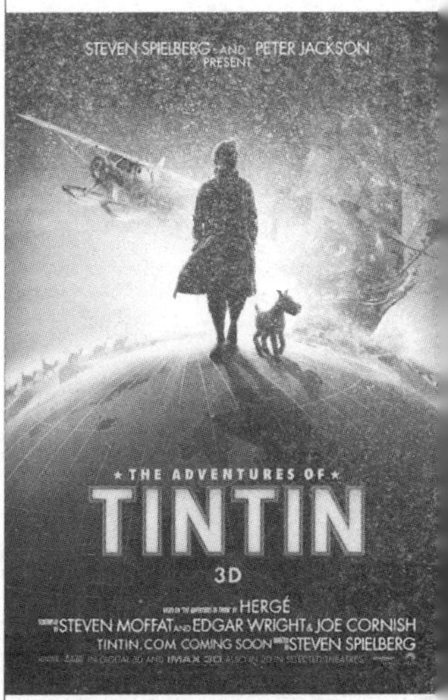

电影《丁丁历险记》海报

比如，你看完了电影《丁丁历险记》，可以得出这样的人生智慧：人类有史以来所有的成功故事都逃不过三条原则——

第一、心正则业正，心大则业大；

第二、凡是想要得到的绝不可能轻而易举地获得；

第三、只要不放弃，一切经历都是价值。

再比如，你看了电影《鸿门宴》，可以总结出以下三条：

电影《鸿门宴》海报

第一、超越了所有时间，活着可以下棋，死了也可以下棋；

第二、超越了空间，相隔千里之外也可以下棋；

第三、超越了人，一切都是棋子。

大家想想，连看一部电影我们都不放过向它学习的机会，非把其剧情、人物、布景、对白的精华吸取干净不可，这种学习心态谁有？这种学习方法谁会？如果我们能做到吸收身边每一个精华点，我们想不超越都难！我们的对手不佩服我们都不行！

这就是以天下万物为师！

以天下为师，是学习的最高境界。但是很多普通人或许理解不了，也懒得理解，他们只想过“一亩三分地”、“老婆孩子热炕头”的逍遥生活。对于这部分人，我的建议是：这种境界你就不要学了，你也学不了，否则走火入魔了就不好了。

反之，如果你有远大的抱负，想顶天立地地去成就一番事业，才可以学习这层境界。

如果你发自内心地想“以天下为师”，请牢牢记住下面的三句话：

第一句：现在，这里（地方）或者这个人到了一种什么程度？什么状态？

第二句：达到这种程度，最核心的秘诀是什么？最关键的问题是什么？

第三句：这个核心思想怎样为我所用？怎样用来造福众人？

（任何思想精华，如果只为自己，属于个人行为，不会发挥巨大的威力。如果用来服务大众，就能造就伟大的你。）

比如，你在美国哈佛大学里散步，看到男女老少不管是教师还是学生都在争分夺秒、你追我赶地汲取知识；再比如你到美国奥兰多迪士尼乐园，看到可爱的孩子们在那里尽情玩耍，天真烂漫。这时候的你就要想：

第一、美国的哈佛大学和迪士尼乐园在教育和娱乐方面分别到了一种什么程度？

第二、它们达到这种程度的核心是什么？

第三、它们的这种核心怎样为我们所用？怎样用来造福中国的老百姓和孩子？

这只是一个例子，你应当做到：**走到哪里就消化哪里，走到哪里就“师”（学习）哪里**。总之，我们要将世间万事万物的优点吸收过来，成为自己的知识储备。这，就是“以天下为师”。

一句话概括这重境界的核心思想——**以天下人为师，学成后，反过来点拨天下人**。写完这句话，我心中有着莫名的兴奋，我知道这句话不是“术”，而是“道”，是“人间智慧的终极之道”。如果你是老师，学了这句话，会极大地提升自己的思维格局；如果你不是老师，学历也不高，学习了这句话你就不会以自己没有接受过学校里的正规教育而懊悔。你会明白：**社会、世界、天下是你真正的老师，当下的红尘是你真正的导师，这样的老师，任何个人都无法比拟。**

以天下为师，具体怎么做呢？

很简单，五个字——**看新闻联播**。

对，大家通过看新闻联播逐渐了解国家领导人是怎样学习的。

因为国家领导人的学习方式是典型的“以天下为师，然后师天下”。大家有没有发现一个问题？公司里的小白领总是吹嘘自己是什么学校、什么专业毕业的，而国家领导人从不强调自己的什么学历背景，为什么？如果你只是一个专业的专家，世界上的专业何止千千万万，你只属于一个细微的领域，你的境界岂不是太小了？而国家领导人需要引领各个行业的人民往前走，他不能只精通一个行业，他必须了解千万个行业，因此，他必须“以天下万千行业作为自己的专业”！

《新闻联播》是指一种电视或广播新闻节目形式，即各电视台或广播电台同时联合播出的新闻节目。

看看他们是怎样学习的，国家领导人做的最多的就是两件事：

第一、交谈；

第二、考察。

交谈，是向人学习。考察，表面看是向事学习，其实还是通过考察事情最终向做事的人学习。

如果你要向人学习，就必须跟他聊天，聊细节，聊来龙去脉。**要超越普通人的境界，除了“读万卷书，行万里路”之外，你还要学会**

一条——与万人谈。国家领导人每天要接见外国来宾、民主人士、各行业人士、各级领导、群众代表，通过交谈，了解最鲜活的信息，了解各种人群的思维程序，了解各个地方的情况。见识决定格局，你聊过的人越多，你的知识和信息就越全面，做决策时也就更加客观、科学、安全。

考察，是向事学习，你就可以了解很多事情“起始——发展——壮大——衰落”的过程和规律，从而更好地掌控事情。考察，还可以了解到人家发展到什么程度，自己的现状是什么，差距还有多少，用什么方法弥补这个差距。

大家知道，中国目前的发展壮大是始于实施“改革开放”政策，“改革开放”是由邓小平同志最先发起、提倡的，那么小平同志当初怎么就想起了这步好棋呢？

邓小平访问日本时正值中共十一届三中全会前夕，他心中正在勾画着改革开放的宏伟蓝图，脑中思考着中国将来如何富强。

其实，小平同志改革开放的思想，起源于在日本考察时的所见所闻。他在日本接受中外记者采访时的一段话也可以表现出他“以天下为师”的思路：

“要有正确的政策，就要善于学习。要以现在国际先进的技术、先进的管理方法作为我们发展的起点**（直接在别人的成果上发展，省略摸索、试错阶段）**。首先承认我们的落后，老老实实承认落后就有希望。再就是善于学习。这次到日本来，就是要向日本请教。我们向一切发达国家请教。向第三世界穷朋友中的好经验请教**（典型的“以天下为师”的胸怀）**。相信本着这样的态度、政策、方针，我们是有希望的。”

访问期间，邓小平还会见了日本社会党、公明党、民社党、新自由俱乐部、社会民主联盟和共产党等六个在野党领导人，进行了约15分钟的恳谈。**（交谈，是向“人”学习）**

在对日本8天的访问中，邓小平挤出时间，怀着浓厚的兴趣先后参观了新日铁公司、日产汽车公司和松下电器公司等三个大企业。乘坐新干线从东京去关西时，记者问他有何感想。他说：“快，真快！就像后边有鞭子赶着似的！这就是现在我们需要的速度。”“我们现在很需要跑。”他还说：“这次访日，我明白什么叫现代化了。”

他在参观新日铁的君津钢铁厂时，仔细询问了工厂的设备、技术，并希望日本朋友把先进的生产管理经验介绍给在那里实习的中国工人，使人感到了他一定要在中国建成同样先进工厂的决心。正是这种决心在后来促成了上海宝钢的中日合作项目。**邓小平在访问中总是一边参观，一边对比。（考察时，要随时随地思考怎样弥补差距。）**

访问日本松下电器公司时，邓小平应邀来到一间展示微波炉等新产品的展览室，讲解人员把一盘烧麦用微波炉加热后，请邓小平观看，邓小平拿起一个烧麦看了，突然一下放到嘴里，边吃边说味道不错。这一幕出乎松下公司职员的意料，大家无不赞叹邓小平敢于尝试的精神。

第二步，你要把天下的智慧进行吸收、消化、总结、提炼，将这些世间精华上升到真理的层面，用极其通俗易懂的语言方式传授给芸芸众生，让所有人一起成长，一起成熟，一起成功。这，就是“师天下”。

邓小平访日之后，中国出现了“日本热”。大批考察团涌入日本，大量的日本专家、学者被请到中国讲课，中日政府成员会议相继举行，官民之间各领域、各层次的交流日趋活跃，两国间的经济、贸易、技术合作迅速发展。**（首先，领导人自己先“师”天下，然后带动全体人民一起去“师”天下，这种巨大的力量是无与伦比的。）**改革开放的大幕，就此拉开！

请你记住：“以天下为师”不是我们的目的，而是我们的方法论；“师天下”才是我们的终极目的。

向世界学习的目的，必然是改造世界！

向人类学习的目的，必然是造福人类！

总结——

最后，我还要提醒大家两点：

第一点、你拜谁为师，长此以往，你就会跟谁保持在一个水准上。

因此你一定要慎重地选择自己的人生导师，这位导师的最高成就一定要与你人生的终极梦想具备共性，你才能从他身上受益良久。比如我的五位老师中有一位是企业家导师，而我的梦想也是成为一名企业家导师，为中国乃至世界级的企业家出谋划策，提供“商业智库”支持以及商学院教育。只有这样，导师才能对我的人生方向有所指引。

李开复以罗杰·瑞迪为师，这位导师在技术上已经达到世界一流的水准，因此李开复就成为世界著名企业微软和谷歌的职业经理人、高级管理者；王永庆、松下幸之助以身边每一个人为师，汲取每个人身上的营养和能量，具备了运营企业的综合实力，他们就成为了富甲一方、显赫一时的企业家；小平同志以国家为师，以天下为师，最后成为极其卓越的国家领导人、中国改革开放的总设计师。

你要想清楚，究竟是想成为一个职场人士、企业家还是国家领导者。梦想不同，拜的老师也有所不同。**教徒弟要讲“因材施教”，拜师也要讲“因梦拜师”。**

第二点、尊重师的最高境界——超越师。

你拜师的时候，肯定是自己还不如老师的时期，这时候一定要防止自己对老师产生盲目崇拜。老师不是神，也不可能永远在业界领先，所以要在学习老师的同时关注行业的发展，要时刻向行业的领先者学习，始终保持着自己最大的学习势头。如果你要回报老师，就要学好你的东西，成就一番事业是对自己老师最大的回报。

拜师的最低境界，就是学到最后徒弟不如老师，It is a shame. 这是一种耻辱。如果徒弟不如老师，那么徒弟的徒弟就会更加不如老师，这样循环下去，人类岂不是整体倒退？

因此，拜师的终极意义在于——超越老师。

每位拜师者的使命是——

长江后浪推前浪，
与大师相互成就、相互激荡，
一起闪耀在历史的星空上！

绝学3

做一个狂热的方法论者！

两道超级难题引发的思考

先给大家出两道超级难题：

第一道：假设你是一位母亲，生活极其困难，你的孩子生病了，急需喝鸡汤补身体，而你们家里只有一只鸡，全家的营养都靠这只鸡下的鸡蛋。问题来了，你是要杀了鸡给孩子补身体还是留着鸡为全家下蛋呢？

也许有人会说：我会杀了那只鸡，给孩子补身体。这样的母亲勇气可嘉，但是杀了唯一的鸡之后，就没有鸡蛋吃了，全家人的营养问题怎么解决呢？孩子的问题暂时解决了，但是以后呢？

我告诉大家，有一位充满智慧的母亲，她做到了两全其美！

让我们意想不到的是，她既没有杀掉那只鸡，又让孩子喝上了营养鲜美的鸡汤。究竟是怎样做的呢？原来，她是一位医生，给这只鸡做了外科手术，那只鸡变成了独翅鸡，孩子喝上了美味的鸡翅汤，之后身体慢慢恢复了。那只鸡还健康地活着，继续为这家人生蛋、做贡献。

看了这个故事以后，你有什么感想？我来告诉你我自己的感觉——生活中的一些绝境，源于思维的狭隘，源于方法的缺乏，并不是真正的绝境。大家相信吗？同样的问题在你面前是绝境，在牛人面前就可能成为通途！**并不是这个世界对你不公平，而是你解决问题的方法不够多！所有的牛人都有一个共同特点，就是有思路，有手段！**

再看第二道题：让我们乘坐时空飞行器回到1340年的明朝，那一年明太祖朱元璋死后，他的儿子燕王朱棣造他孙子朱允文的反，率领

铁铉（1366－1402）　字鼎石，河南邓州（今邓州市）人。性情刚决，聪明敏捷，太学读书时，熟通经史，成绩卓著。1400年，燕王朱棣发动“靖难之役”，强攻济南。铁铉与诸将奋力抵抗，两军相持三月，朱棣被迫撤退。同年，铁铉配合盛庸在东昌（今聊城）大败朱棣。1402年，朱棣即位。铁铉背立庭中，大骂朱棣叛逆，后被凌迟处死。清乾隆五十七年，在济南大明湖北岸建铁公祠。

几十万大军打到山东济南府。朱棣令所有的火炮一字排开，准备炮轰济南城。形势如此危急，如果你是济南守将，怎样让敌军首领朱棣不开炮，绕开济南走呢？

看完题目，你会说，这也太难为人了吧！敌众我寡，猛人朱棣身经百战，而且造反心切，率领大军气势汹汹而来，我一个小小守将，怎么能让他乖乖听话呢？

我告诉你，有人做到了！

这个人的名字叫铁铉，一个手无缚鸡之力的文弱书生，凭靠智慧，他做到了。

正在朱棣准备好大炮和弹药准备炮轰济南城时，看到城墙摆出了十几个大牌子，上面写着“大明太祖高皇帝神牌”（朱棣的老爸朱元璋的牌位）。结果朱棣在城下气急败坏，破口大骂，但就是不敢下令开炮轰他老爹的牌位。

本来朱棣大炮齐备，兵强马壮，济南城唾手可得，让铁铉这么一整，就打不了了。

书生铁铉了不起！这是智慧使用的至高境界——力挽狂澜于即倒。正因为此次战役，铁铉让济南的百姓免于战火，被大家所铭记。大明湖畔有一座铁公祠，就是纪念这位传奇书生的。

话题再回来，历史的结局是——朱棣造反成功，明朝江山易主。这又是为什么呢？原来，当时的首都在南京，按照常理，应该先打济南再攻南京。但是常理是常理，谁规定攻打城市要按照常理打呢？朱棣也是一位智慧高手，他绕开济南，直取南京，最后造反成功，成为一代英明大帝——明成祖。

铁铉、朱棣的胜败暂且不论，难得的是他们都从容地处理了当时天大的难题，从这个角度讲，他们都是成功的。**而他们的成功并不单单是战争和武力的成功，而是他们方法的成功、思考的成功和智慧的成功！**

英文中有一句话：There are more solutions than problems.（方法总比问题多。）**成功者与失败者差距不大，只差一点点：成功的人无数次地修改方法，但绝不轻易放弃目标；不成功的人无数次地修改目标，就是不改方法。**

明成祖朱棣（1360－1424）明朝第三位皇帝，明太祖朱元璋第四子。生于应天，受封为燕王，后发动靖难之役，起事攻打侄儿建文帝，夺位登基。在位期间完善政治制度，发展经济，开拓疆域，迁都北京，编修《永乐大典》，派遣郑和下西洋，使明朝发展到顶峰，明成祖的统治时期被称为“永乐盛世”，明成祖也被后世称为永乐皇帝或永乐大帝。

总之：成功者的一生，永远为成功找方法；失败者的一生，永远为失败找借口。

电视连续剧《永不磨灭的番号》被我看了N遍，我超喜欢八路军独立团团长“李大本事”的“阴险”，他总是能想出一些奇招、怪招、损招让小鬼子无法招架。他有一句名言：“玩阴的，咱是他山下奉武（日军指挥官）的祖宗！他比老子差至少四百年！”

我不喜欢凛然正气的正面人物，我喜欢诡计多端、聪明机智的正面人物，这样的正面人物才不会被坏人欺负。为什么坏人总是可以得逞？因为他们更加狡猾而且更加勤奋。我更希望看到好人比坏人更肯动脑筋，做事时更会“使坏”，而且更加勤奋，“使起坏”来更加废寝忘食。

明朝有一位传奇人物名叫王阳明，孤身一人平叛乱，足智多谋杀奸臣，还历经磨难终成圣贤，在亚洲各个国家都拥有粉丝无数。他老人家一生从来不按照套路出牌，总是让强大的对手无所适从、焦头烂额甚至屁滚尿流。他老人家的每一个传奇故事都让我觉得解恨、痛快，因为我终于看到了好人总是比坏人更加“阴险狡诈”。**我不喜欢温文尔雅、软弱无能的圣贤，在面对这个现实的世界时，我更欣赏一个诡计多端的圣贤，当然，他使用的所有“诡计”都是为了拯救或者成就天下苍生。**

现在职场中出现了“中层危机”、“四十岁危险”的现象，在我看来，是因为这些人常年在公司里产生了惰性和惯性，失去了解决问题、寻找方法的动力和眼光。**职场很现实，如果你不能解决老板的麻烦，那么你就会成为老板的麻烦。**

其实，这个危机不难解决，要攻克这个危机，请首先增加你的个人价值。一个员工的价值就是帮老板和公司解决问题，增加业绩，没有别的。你要想出方法帮老板解决最让他头疼的事情，你要有二十种手段增加公司业绩，你还要有十个“小伎俩”使周围的同事都喜欢你、推举你，扩大你的群众基础。

我对大家的建议是——

去解决问题！这是比读书、听课更实战的学习方式！

王守仁（1472—1529）

浙江余姚人，世称“阳明先生”。中国明代最著名的思想家、哲学家、文学家和军事家。陆王心学之集大成者，非但精通儒家、佛家、道家，而且能够统军征战，是中国历史上罕见的全能大儒。其学术思想在中国、日本、朝鲜半岛以及东南亚国家乃至全球都有重要而深远的影响。

牛人是怎样炼成的？是在无数问题中浸染而成的！

去问题现场！这是一名牛B方法论者最前沿的练习场地。

当年上海大亨黄金荣就是在乱世中解决了很多棘手的问题，才成为上海滩风云人物；他的继任者杜月笙，也是帮黄金荣解决了很多难题才荣升为他的心腹；我认识一家培训集团公司的现任总裁，就是因为很好地解决了少儿英语培训的战略问题才获得了现在的职位与成就。

以一己之力扭转整个危局，好男儿应该有这样波涛汹涌的气魄与手段！

我把话说得再直白一点：**其实，问题就是机会！在竞争激烈的职场中，抢问题就是抢钱，抢问题就是抢职位。成功者看的永远是机会。什么人讲“万一”？越是普通人越讲“万一”，他把焦点放在“不可能完成”上，没把焦点放在“完成”上。公司的问题，就是你晋升的机会；客户的问题，就是你销售的机会；自己的问题，就是你成长的机会；同事的问题，就是你建立人脉的机会；老板的问题，就是你赢得信任的机会；竞争对手的问题，就是你变强的机会。**

问题就像一只笼子，别让它左右了你的方向。

有些人头脑中只有问题，没有解决问题的方法和路径，所以问题永远存在，这是抱怨者；

有些人能够看到问题，并同时思考出解决问题的方法和路径，这是管理者；

有些人在问题出来之前就把问题消灭掉了，这是智慧者。

所以，预见问题并将其扼杀于无形之中比发现问题、解决问题更加高明。

预见问题，是真正的高明。

成为方法论者的6条法则

有一天，我在当当图书网上看到一位读者这样评论一本管理类图书：

任何不讲策略的书都不是真诚的书。

看完这句话，我有一种醍醐灌顶的感觉，真是一针见血！然后，我以“迅雷不及掩耳盗铃之势”把这句话设置在电脑和手机的开机界面中，随时随地提醒自己：**演讲和写作的目的不仅仅是让读者的心灵在黑暗中警醒，更重要的是，要交给他一支装有五节电池的超大号手电筒，手把手教他怎样找到光明。**从此以后，我把“策略”和“方法论”列为每次思考、写作、演讲时置顶的话题，极度重视，每想到一条成功的法则，我首先要问自己三个问题：“怎么做？”“几个步骤？”“最佳途径是什么？”

现在，我的出版理念是：任何一本负责任的书都要讲“What”（是什么），但更重要的是要详细讲解“How”（怎样做），讲完了道理，一定要讲解怎样去操作，否则就是对自己不负责，对读者不负责。只有“方法论”内容多于“道理”内容的书，才是一本可以使用的书，否则就是一本粗制滥造的书！我的书不单单是用来阅读的，更是用来使用和实战的！

道理再深刻都不如方法论让读者更有方向感，更加实战、实操、实用，所以我决心花费最多的心血和时间去浇筑“方法论”。必须这样做！

如果你要问：有什么方法可以让自己成为一名优秀的方法论者？我想告诉你：问得好！这正是我最最想告诉你的，请屏住呼吸，我们一个一个地全景展示成为骨灰级“方法论者”的修炼方法。

做一个狂热的方法论者，究竟意味着什么呢？

第一、你要成为一个各种优秀方法的收集者，成为灵活使用各种方法的集大成者！

有的人喜欢收集古董，有的人喜欢收集邮票，有的人喜欢收集烟盒，有的人喜欢收集古币，而你喜欢收集绝妙的点子和成功的方法。你必须积攒出一个强大的“方法军火库”，里面有成百上千个令人拍案叫绝的方法及使用案例。

解决问题，有时候，不要用自己的脑子想而要用自己的眼睛看（因为有时候你苦思冥想也不会突破，而早已有人做过了），看看已

经做到的人、已经有结果的人是怎么做的，然后比葫芦画瓢地完全copy。这是最省力气也最安全的一种方法。不需要你思考，不需要你冒险试验，只需要找到那个曾经在这个问题上成功的人以及他的故事就可以了，然后完全复制。

一上来先不要想着自己创造，你还没有创造的内容和素材，先偷师才是最明智的。**先僵化，再固化，最后优化！**记得我刚刚进入培训界的时候，觉得面对几十人、几百人演讲是一件十分可怕的事情，什么都不会讲，没有内容，没有信心，没有技巧，整个一“三无人员”，我每天做美梦自己什么时候才能面对那么多人演讲啊？后来我就进入一家培训机构听课，吸取那里最好的老师的讲课精华，学完了以后我又换了一家更大的机构，去听最顶尖老师的课，使用“吸星大法”把他的讲课技巧和内容偷学过来，就这样我一家一家地学，最后就学会了讲课。我现在讲的内容已经远远不是偷学别人的内容，已经升级了N个级别，但是一开始的时候离不开一字不差的模仿和复制。这就是我说的“先僵化，再固化，最后优化”！

第二、你要紧紧围绕目标进行创造性思维。

在我们的思维中，经常会出现一些盲点，创造性思维就是专门来消灭这些盲点的。

美国国家航天局发现，航天飞机上的一个零件总是出故障，不是这里坏就是那里坏，花费很多人力物力始终无法解决。最后，一个工程师提出：是否可以不用这个零件。事实证明，这个零件确实是多余的。

如果你是一个警察，正在追捕一个逃犯，发现逃犯躲在家里。你精通撬锁技术，准备悄悄地撬开大门，进行抓捕。但是逃犯家里的锁怎么打都打不开，无论用什么万能钥匙、费多少时间都无济于事，这时候你该怎么办？

我得提醒你：此时，你应该放弃撬锁进门的企图，你应该抬起脚踢开那扇门！因为你要懂得，你的目的不是撬锁成功（尽管这是你的强项），而是进入室内抓人。进门，才是你唯一的目的。

永远记住：任何方法，都要紧紧围绕目标进行，不要忘了你的初衷。

永远记住：任何方法都是通道，目标才是你的目的地。

方法要尽量直接，通向目标的路径要尽量短！

第三、每逢遇到难题，你要写出50种解决方案，最后选择最佳的一个。

我想跟读者玩一个游戏，在今后30天的时间里，凡事不许说“不可能”，如果你说了这三个字，请自觉为希望工程捐助500元钱。各位，你们敢玩这个游戏吗？

这是一个训练自己找方法的游戏，在平时的一言一行中，都要训练自己“不说不可能”，一旦我们养成了这种习惯，就会大大提高效率，提高高效完成任务的可能性。一旦你说了“可能”，就会为自己的行为找到一个理由，一旦你认为一切可能的时候，才会主动去找到方法。

“不说不可能”是一种精神上的修炼，“凡事找方法”则是一种执行能力上的修炼。“找方法”的过程就是一个发现问题——分析问题——解决问题的过程。这样的人，就是具有卓越执行力的人，是每一个公司，每一个组织都在寻找的人。

我们再玩一个游戏，以后每周都找出一个难以解决的问题，与朋友们、同学们、同事们一起列举出50种解决方案，列不出不许结束。敢不敢玩？如果你是初学方法论的菜鸟，必须多写一倍的方法，即：写出100个解决方案。谁叫你是菜鸟呢？敢玩吗？

经过这样的练习，以后你解决问题时所列方案的数量会逐步递减。也就是说，一开始你写了100个才找到一个真正解决问题的方案，过一段时间以后，只写出50个就可以找到解决方法了，最后写10个方案，就可以解决问题了。当你成为“方法至尊”时，只需要随便给出一个方案，问题就迎刃而解了。

第四、方法要“想”，更要“找”！

从哪里“找”呢？有三个地方可以找到。

（1）从“书”上找方法。

我有一位员工，执行力非常强悍，但是高中时成绩不好，上了一所不理想的大学，毕业以后他从不读书，很少对问题进行深入思考，总是用全部的体力辛苦地完成一个个任务。而且他总是非常抵触各种新的思路，每次我提出一个新的市场方案，他的第一个反应就是反对，因为他的脑中只有旧的观念，旧的思路，对新事物不兼容、不接受。

这种员工的执行力的确是不折不扣，也会取得不错的业绩，但是当工作进展到一定高度时，就没有突破了。**因为总是重复以前的思考和行为只能得到与以前相同的结果，只有想出新的方法并付诸行动，才能有全新的突破。**

有一次，我对这位员工推心置腹地说："兄弟，你很能干，但是不读书绝对不行，不思考更不行。把话说得狠一点，以前我以为读书太多是一种罪恶，但是从你身上我得出完全相反的结论：**读书太少更是一种罪恶！**我说这话你也别生气，我的目的只有一个，就是帮你成长。从明天开始，你必须开始读书，我给你买。"

从此，我就买一些专业书籍送给他看，他是做市场工作的，我就让他看乔·吉拉德、原一平、徐鹤宁、刘克亚等销售牛人的书籍，逼着他学习网络营销、重新系统学习市场营销知识，我看什么书就让他跟着我看什么书。而且，我把自己写作、出版的书第一时间送给他和他的妻子，让他们两口子一起看，共同成长。渐渐的，他的思想水平上来了，原来的工作也有了较大进展。

我写作的一个原因也是想通过"全民阅读"的方式拯救年轻人。晚上散步时，我从一些酒吧和娱乐场所的门前走过，看到一些头发染得花花绿绿的年轻人进进出出，我就想：如果这些年轻人的父母看到他们这个鬼样子会是什么感觉？虽然读太多书会给年轻人制造太多限制，但是一点书不读天天鬼混也不行。因此，我觉得自己有责任写出符合年轻人心态、喜好、成长规律的优秀励志书，影响更多陷得不深的年轻人去阅读。他们阅读了我的励志书和职场书，听了我的励志和职场演讲，就是在接受"正能量"，有可能就不会去夜店混时间了。

千万不要乱读书，但一定要读适量的优秀图书！这是我对年轻人真诚的建议。

（2）从“人”上找方法。

首先，我们可以从古人、外国人身上找方法。

晚清重臣曾国藩是一介书生，却被朝廷命令去跟战将云集的太平天国军队交战，曾国藩从来没打过仗，也根本不懂打仗，一开始一败涂地，他本人还差点自杀。后来他就从“明朝第一战神”戚继光身上寻找打仗的方法，仔细研究“戚战神”撰写的两部重要兵书《纪效新书》和《练兵实纪》。这两部书是戚将军练兵打仗的经验总结，也是他训练军队的教本，在军事学上有很高的地位。“戚战神”做过什么，曾国藩就做什么，完全复制，不打折扣，最后曾国藩建立了名噪一时的虎狼之师——湘军，打败了强大的对手，还开启了中国近代的洋务运动，成为中国近代史上的重要人物。更加离谱的是，曾国藩是毛泽东、蒋介石两人共同的精神导师，毛蒋二人水火不容，但是却拥有一个共同的精神偶像，曾国藩的思想魅力可见一斑。曾国藩从不会打仗到建功立业，很大程度上是因为他善于从古人身上找方法。

其次，我们可以从现代人、周围人身上找方法。

我在培训一些教授考试课程的老师时，告诉他们：“优秀的应试类老师，就是站在出题人的角度，把出题人踩在脚下。”你要学会换位思考，即时时处处从对方的角度思考。换位思考，看似简单，却是蒙牛总裁牛根生反复提倡的一种思维方式。这种思维是他从最亲近的母亲身上学到的。小时候，母亲教育他：**“要想知道，打个颠倒。”**这句话就是让牛根生处处从对方的角度进行思考。**我们身边的每一个人都是一座方法论的巨大宝库，就看你怎么挖掘了。**

如果你是一位新上任的部门经理，不会管理部门，就从你们公司的总经理身上找方法，他怎么管理公司，你就怎么管理自己的部门。以前我做职业经理人的时候就是用了这种方法，**即每天向自己的直接领导学习。**总经理勤开会，让主管们发言，我也勤开会，让我的员工畅所欲言；总经理勤学习，带领主管们去杭州、昆明分公司学习，我也带领员工去学习，并且团购市场、管理、执行力方面的图书送给员工们阅读；总经理大胆启用新人负责重要项目，我也招聘、搜罗优秀人才，在部门内部运营新项目；总经理制订高标准，分公司的标准高于集团公司的标准，我也照葫芦画瓢制订了高于同级部门的标准。

（3）从“事”上找方法。

对于做成的事，我们可以提炼出成功的方法；

对于失败的事，我们可以总结出规避失败的经验。

一个案例，无论成与败，都可以提炼出有助于我们的方法；

一次尝试，无论输赢，都可以帮助我们思考未来。

大学刚别业时，我试着运营过一个食品店，制作一种美食“馋嘴鸭”在小区里出售。我高价购买了总店的配料，对自己的产品进行加工制作，做出的馋嘴鸭口味绝对一流，很多朋友吃过一次总是惦念着想吃第二次。但是结果业绩不理想关门了。这次失败以后，我进行了无数次的反思和自我批斗，最后总结出开店的制胜法门，开店经营除了要求产品质量一流之外，还有三个要素：第一是地段，第二是地段，第三还是地段。“金角银边”四个字就是对地段选择的最佳概括，两条路的交叉口是最佳选择，叫“金角”，其次主要干道的路边也不错，是“银边”。

我总结出：产品的销售渠道一定、务必、必须设置在人口密集的地方，而且渠道越多越好。据说“娃哈哈”的联销网络密密麻麻，覆盖全国，每推出一个新产品，就可以在三五天内铺遍全国的任何一个小卖店，甚至是西藏偏僻地区的小卖部都可以买到这种新产品。

前几天一辆奥迪A6车停在我家楼下，走过时天天看到，那几天我就很想买奥迪A6。过了几天楼下又停着一辆丰田汉兰达SUV，我就觉得SUV安全，买这种车也不错。由此可见，顾客是这样的：处处看到你的产品，买时才会想到你。只有让消费者每天都可以看到你的形象或者产品展示，在需要购买的时候才会想起这种产品。有些生产日常消费品的厂家每天都在电视上狂轰电视广告就是这个道理。所以，开店首要的就是选择最佳路段，让最多的人群接触到我们的产品。以上这些就是我从失败中总结出来的宝贵教训。

去年，我搞了一次市场活动，比较成功，后来开会我就总结成功的经验，想出了一个“将任何任务变成现实”的魔法公式：

1. 大提前量。在我看来，**任何事情的困难都是事务内容的无限性**

与准备时间的有限性之间的矛盾。把事情做好的前提一定是早早提前准备，准备时间越充分，最后的效果越好。

2. 军团法则。一个人完成不了大任务，一定要发动所有员工，倾巢出动、众志成城，去做那件最重要的事。

3. 执行“五化”。记住：事情再急都不可凌乱，事情再复杂都可以一步一步分解完成。《蒙牛方法论》一书中有一个“目标倒推”法则：不问我的一双手能干多少事，唯问移泰山需要多少双手；不问我的一口锅能煮多少斤米，唯问劳千军需要多少口锅；不问我的一盏灯能照多少里路，唯问亮天下需要多少盏灯。这是一种典型的“问题分解解决”的思路。

《蒙牛方法论》

我们第一步先把目标**阶段化**，流程化；第二步每一阶段的目标再阶段化，将每一阶段要做的事情**细节化**；第三步将所有细节**标准化**；第四步将所有标准**数据化**；第五步对所有阶段**监督化**。这就是我提倡的执行力“五化”。

4. 冲锋法则。做事情不要在乎面子，不要扭扭捏捏，不要唧唧歪歪，要像战士冲锋占领高地一样嗷嗷往前冲，你的心态应该是无所畏惧，天下无敌。

大家看看，我从卖馋嘴鸭这件事上总结出开店地段以及销售渠道的重要性，又从一次成功的市场活动中总结出“将任何任务变成现实的魔法公式”，是不是很有收获？**成功的事情，我们可以拿过来直接复制；错误的事情，我们照样可以拿过来反思、总结再利用。**

只有一次成功，这不行；

有了几次成功，这是偶然，还是不行；

只有把成功整理成体系和必然，可以进行成千上万次复制，才可以！

第五、你要学会思考，通过“独处”和“发动”的方式。

你有没有发现？热闹的时候，人多的时候，你说的话、做的事与本来的你有很大距离。**独处，是为了与自己相见。**我喜欢深夜一个人坐在写字台前思考、写字；也喜欢一个人静静躺在床上，脑中像过电影一样回忆一天中所有有价值的事情，有了灵感立刻记下来；我还喜欢晚饭后一个人行走，尤其是在寒冬里行走。**行走，本身就是一种思考。**夏天，我走在街上，总是被热闹的氛围吸引，无法思考。冬天来了，我走在寒风里，大脑很清醒，异常冷静。很多绝妙的点子都是这时候迸发出来的。所以，独处让你冷静，冷静让你理性，理性让你智慧。不解释了，你们懂得！

另外，还有一种与独处截然相反的思考方法——发动群众思考。对，你没有看错，我来解释一下，对于解决个人小范围的问题，独处思考是最好的方式，谁也不要打扰。但是对于解决经营一家公司、管理一座城市乃至领导一个国家这样的“巨无霸问题”，发动群众共同解决是更加有效的方法。

中国最伟大的战略家群体

请大家关注一下解放战争题材的电视剧，看看国共两党在战前制定战略时的差别。国民党这边，南京总统府内，蒋介石穿着一袭戎装黑色披风，拿着一个放大镜在偌大的战略地图前踯躅，旁边坐着儿子蒋经国和夫人宋美龄相陪，这位可怜的老人谁也不相信，只会依靠自己和家人的微薄力量。再看看延安的窑洞里，气氛可就不同了，毛泽东、朱德、周恩来、刘少奇、邓小平、任弼时这一群当时最厉害的战略家热火朝天地Brainstorming（头脑风暴），你一言我一语讨论得起劲。我想问大家：是一位孤独的战略家独自想出的智慧绝妙呢？还是一大群优秀战略家讨论出来的智慧更胜一筹呢？相信你自己可以得出明智的结论。我润之哥（毛主席）把成功的秘诀归纳为十个字：**人人出主意，大家想办法。**

以前，我在上市公司工作的时候，有两位领导，一位是任期在前的老领导，一位是任期在后的新领导。老领导聪明过人，计算能力很厉害，所以他开会常常是把自己深思熟虑的问题一股脑嘟嘟嘟全说出来，让中层管理者们去执行，他很少召集中层干部开会，更不怎么开全公司的员工大会。说实话，他的很多想法确实非常有见地，我也暗暗佩服他的思考能力，但是这些想法都是他自己想的，没有经过中层管理者的思考和充分认同，最后执行效果也不好，业绩不理想。

新领导跟他截然不同，他特别喜欢开中层干部会议，每周三的下午13:30–17:30都要开会，他自己发言极少，主要是让各位主管、经理汇报工作、宣读业绩数据、提出市场方案。而且他把业绩和每个人的收入挂钩，让中层管理者和员工们觉得是在为自己干，同样是一家公司，中层管理者和员工都没有太大变化，只有总经理的领导方式不同，业绩就有了巨大差别。以前业绩平平，后来业绩有了较大提升。

这个案例的核心秘密是什么？

秘密在于——新领导懂得：管理就是发动群众，发动群众就是借力，借更多人的力量来完成自己的目标，这才是一种极为高明的领导方式。

大家知道吗？你自己思考到多么牛B的先进理念都没用，你必须确保将理念在团队所有人员中普及、使用、出结果，直至成为全员的基因，这才会产生最大的力量。

请记住：发动就是力量！

第六、你要用“足够多”的练习锻造“足够强悍”的意志力。

让我们先看一则关于微软总裁比尔·盖茨的故事：

在比尔·盖茨读中学时，有一次老师布置写一篇作文，规定要写5页，比尔竟然写了30多页。还有一次，老师让同学们写一篇不超过20页的故事，比尔竟洋洋洒洒写了100多页，让老师和同学们目瞪口呆。

这个故事让我十分震惊，也颠覆了以往我对比尔·盖茨的了解。原来，天赋如此高的人，为了追求成功，也下过这样的“笨功夫”，我们这些资质平庸的普通人还有什么理由不加倍努力、奋起直追呢？！

作家胡适说过一句话“聪明人更要下笨功夫”。大家应该明白：聪明人也不是无缘无故一觉醒来就变聪明的，也是他们努力开发自己潜能的结果。为何需要下笨功夫呢？即使你天赋高，假如不努力开发，你的天赋也有可能被埋没。在这个世界上，应该说中等智力的人占大多数。当我们的天赋不高时，还能不加倍下“笨功夫”吗？

其实，每个人都具备“三商”：智商、情商和逆商。

成功者与普通人在智商方面相差不大，甚至还低于普通人，但成

功者的情商和逆境商数远远高于普通人。也就是说成功者不可能比普通人聪明几倍、几十倍，但是他们对“人”和“人性”的理解可能比普通人深刻几倍、几十倍，他们承受压力和挫折的耐力是普通人的几倍、几十倍。如果你想成功，就别在智商上下傻功夫了，但是可以在情商和逆境商数上用心练习。

施瓦辛格　生于奥地利的美国健美运动员、演员和政治家。没有受过专门的表演训练，却跻身好莱坞主流影星之列。在健美界冉冉升起后，其雄健魁梧的身躯和坚硬的肌肉，被认定是拍惊险动作片的不二人选。2003年11月任美国加州州长，2011年1月3日卸任。

亚诺·施瓦辛格是一个传奇人物，他从一个奥地利的傻小子成长为全美的健美冠军，后来又成为著名演员，再后来又竞选州长成功，背后的成功秘密值得大家好好研究一番。

为什么这个人做任何事情都可以做成？

为什么我们连一件小事都做不成？

看看他的奋斗历程你就明白了。

他荣获过3届“环球先生”与7届“奥林匹克先生”称号，又从健美冠军成为著名动作明星，再到成功的州长，施瓦辛格究竟靠的是什么？

是因为他愿意付出比平常人更多的代价！是靠强悍的意志力！

这种横扫一切障碍的意志力足以使任何普通人在任何领域成为璀璨的明星，被千人关注，被万人敬仰！

在他所著《亚诺：一个健身家的成长》一书中，他阐述了他那并不神秘的“成功秘诀”：“要增长肌肉，你必须有无穷的意志力，你必须挨得痛，你不能可怜自己，稍痛即止；你要跨越痛苦，甚至爱上痛苦，甘之如饴，人家做10下的动作，你要加倍，做足20下。还有，你要用不同的方法，从不同的角度震惊你的每一组肌肉，令它没有办法不强壮，没有办法不结实。不要松懈、不要懒惰，没有坚强的意志，你是不会成功的。”

1975年，施瓦辛格宣布退休，不再比赛。5年后，有制片人邀请他主演一部耗资数千万美元的“霸王神剑”。当时的他，由于已退出比赛，身材只有5年前的2/3。为了恢复最佳状态，亚诺决定参加当年的奥林匹克先生竞赛。

这一决定，震惊了整个健身界：按常理，要成功是绝对不可能的，何况，此时距比赛只有数月。**但是他再次以超人的意志，全身心投入训练，日以继夜，用无比的毅力，无比的斗志，将肌肉一一**

“逼”出来，在比赛中再次以最佳的状态胜出。他通过这次奥林匹克竞赛的成功，创造了7摘桂冠的前无古人的纪录。

在生活中，我们经常抱怨：为何我这样努力，还是达不到目标呢？

我想问的是：你的努力真正“足够”了吗？你思考方法、寻找方法的意志力足够强悍吗？看看亚诺·施瓦辛格为成功付出的努力吧！再比较一下自己的努力，我们可以得出这样一个结论：**别抱怨不公平，是自己做得还不够！你要创造一般的成功，就得付出一般的努力。你要成为杰出的人才，你就得比别人多付出几倍的努力。我曾经给自己提出一个要求：要超过任何一个人，都要付出比他多四倍的努力。大家不妨试试，要超过谁，就付出比他多出四倍的努力吧！**

未来的文盲是哪种人？

最近，我在关注一个著名的组织，名字叫“TED”，指Technology（技术），Entertainment（娱乐），Design（设计）。这是美国的一家私有非营利机构，该机构以它组织的TED大会著称。会议的宗旨是“用思想的力量来改变世界”。

TED演讲的特点是坚决杜绝繁杂冗长的专业讲座，观点响亮，开门见山，种类繁多，看法新颖。每一个TED演讲的时间通常都是18分钟以内，每一位演讲者对于自己所从事的事业都有一种深深的热爱。而且，这场盛会涉及的领域还在不断扩展，展现着各个领域的独特见解。参加者们称它为“超级大脑SPA”和“四日游未来”。

TED=科技+娱乐+设计。

什么是科技呢？回答：改造自然和社会的方法的总和！

什么是娱乐呢？回答：人们寻找快乐的方法的总和！

什么是设计呢？回答：人们满足自己视觉触觉感受的方法的总和！

所以，TED大会的根本宗旨，还是为“人类改造自然和社会”、“寻找快乐”以及“满足视觉触觉需求”这三个方面而寻找足够丰富多样的方法。

我是彻彻底底的“果粉”，从手机到音乐播放器，再到电脑都用的是Apple的产品，我认为乔布斯以及苹果产品的成功就是在科技、娱乐、设计三方面颠覆式创新的成功。**所以，未来，谁在这三个方面掌握足够多的方法，谁就能改变世界，甚至颠覆世界！**

美国前国务卿鲍威尔说过三句话：

●第一句：领导者最重要的能力就是发现问题的能力！

●第二句：执行者最重要的能力就是解决问题的能力！

●第三句：人生最大的问题是不知道自己的问题；人生最大的损失就是不知道自己正在损失。

我也真诚地送给大家三句话：

■第一句：未来的文盲不再是不识字的人，而是没有学会怎样学习的人。

■第二句：未来的文盲不是“知识盲”，而是“方法盲”。

■第三句：世间最有价值的知识，是关于“方法”的知识。

楠哥心法——

如果你是一名进攻欲望强烈的职场干将，就请你修炼“心法合一”的职场状态，这会助你一臂之力。

那么，“心法合一”是什么意思呢？

心，指每位职场人士都有一颗“把事情做好”、“要晋升要高薪”、“要出人头地”的进取之心。法，指你要学会思考最有效、最实用的方法并且执行到位。

“心法合一”的意思是：你要做一流人士，首先要有一流的进取心，志愿足够宏伟，同时还要有一流的方法与这种不同凡响的进取心

和梦想对应，这才能实现目标，你才是真正的职场干将。如果只有梦想没有方法，你就是一位三流的空想家而已。而我发现世间大部分人都要上进、都想过一流的生活，但是缺乏一流的方法，最后的效果非常不理想。

请你记住：**要成为一流的奋斗者，首先你要修炼一流的方法。**

给各位勇士推荐一种“PDCA”工作法。

PDCA=Plan（计划）——Do（做）——Check（检查）——Adjust（调整）。

假设上级给你一项新的工作，你一无所知，究竟怎么去做才能达到标准呢？

第一、Plan（计划）。你要做出一个详细的计划，这是你收集资料、思考、听取各方面意见的过程，把所有的信息一定要“写下来”，不管你的记忆力多好都不行，必须用书写的方式让你的计划“视觉化”、“固化”，可以保存，便于反复阅读、回忆。

第二、Do（做、执行）。第二步是开始行动，按照事先做好的计划去执行，边做边验证事先做好的计划方案是否有效、是否可以执行到位。这一步需要你有军人一样强大的执行力，没有任何借口，执行到底。

第三、Check（检查）。你要在整个过程当中跳出来审视自己，“无关生智、局外生慧”，你要做一名挑剔的旁观者对自己的工作“鸡蛋里挑骨头”，从30000米的高空“鸟瞰”整个工作流程线是否有需要进一步优化的环节。

第四、Adjust（调整）。这是最后一步，也是对下一次工作产生巨大影响的一个环节。这一步要求你对自己之前的所有工作进行“建设性破坏”。哪里效果不好，必须改善。每天花5分钟改进自己的工作，每周五天，一个月你有20次改进工作的机会，一年你有240次改进工作的机会。这样一个改善工作的频率，足以使任何一份工作臻于完美。

绝学4

哈佛精英是怎样练成的？

哈佛大学　美国最早的私立大学，是以培养研究生和从事科学研究为主的综合性大学。还是全美第一所大学（第二所是威廉玛丽学院，第三所是耶鲁大学）。美国独立战争以来大量的革命先驱都出自于哈佛的门下。被誉为“美国政府的思想库”。这里先后诞生了八位美国总统，40位诺贝尔奖得主和30位普利策奖得主。其商学院案例教学盛名远播。这里也培养了微软、IBM、Facebook等一个个缔造商业奇迹的人。

一种可怕的沉默

问大家一个问题：一边是嘈杂喧闹的人群，另一边是默默无声的人群，请问哪一个人群蕴藏着巨大可怕的力量？

Absolutely，后者！

美国哈佛大学的学生们，就是这样一个表面波澜不惊、深处却江流暗涌的沉默人群。

在哈佛的学生餐厅里，很难听到说话的声音，每个学生端着比萨、可乐坐下后，边吃边看书边做笔记。你不会见到哪个学生光吃不读，更不会见到哪个学生边吃边闲聊。**哈佛的餐厅不过是一个可以吃东西的图书馆，是哈佛正宗100个图书馆之外的另类图书馆。**

哈佛的医院，同样的宁静，不管有多少人在候诊，也无一人说话。一言不发的他们究竟在做什么呢？在阅读或记录，无一例外。**医院仍是图书馆的延伸。**一个朋友曾告诉我：**“所有的成功者，都是阅读者。”**在哈佛大学的每一个公共场所，你会发现这句话得到了最完美的注解。哈佛产生的诺贝尔奖得主有33位，哈佛产生的美国总统有7位。

最近，两张美国哈佛大学图书馆凌晨4点多学生仍在学习的照片在网上迅速传播。

照片显示：凌晨4点的哈佛大学图书馆里，灯火通明，座无虚席……

图片配文这样写道：哈佛是一种象征。

在哈佛校园里，你看不到华丽服饰，看不到浓妆异彩，更看不到无所事事、消磨时光，只能看到匆匆的脚步，勤奋的阅读，争分夺秒的奋斗。每一个人，无论他是老师还是学生，都在脚踏实地地书写人生的篇章。哈佛不是神话，哈佛只是一个证明，人的意志、精神、抱负和理想的证明。

如果你抵达哈佛大学的时间是半夜1点，让你惊讶的是，整个校园一定依然是灯火通明的，那是一个“不夜城”，不是“狂欢不夜城”而是“学习不夜城”。餐厅里，图书馆里，教室里还有很多学生在看书。那种强烈的学习气氛一下子就感染了我们。**在哈佛，学生的学习是不分白天和黑夜的。**那时，我才知道，在美国，在哈佛这样的名校，学生的压力是很大的。在哈佛，到处可以看到睡觉的人，甚至在食堂的长椅上也有人在呼呼大睡。而旁边来来往往就餐的人并不觉得稀奇。因为他们知道这些倒头就睡的人实在是太累了。在哈佛，我们见到最多的就是学生一边啃着面包一边忘我地看书。

你到了哈佛，就知道中国高校中的学生差距在哪里了。

在哈佛，你感受最深的是，这里的学生学得太苦了，但是他们明显也是乐在其中。是什么让哈佛的学生能以苦为乐呢？我的感觉是，**他们对所学领域的强烈兴趣。还有就是哈佛学生心中燃烧的要在未来承担重要责任的使命感。从这些学生身上，你能感到他们的生命能量在这里迸发了出来。这种能量在二十岁左右的时候达到最大值，这个时机千万不可错过！**

中国的年轻人们，请真诚地问问自己：**你真的够勤奋吗？**

你花六块买个便当吃，觉得很节省，有人在路边买了七毛钱馒头吞咽后步履匆匆；

你八点起床看书，觉得很勤奋，上微博发现曾经的同学八点就已经在面对繁重的工作；

你周六补课，觉得很累，打电话才知道许多朋友都连续加班了一个月。

我真诚地告诫诸位：**你现在不成功，不是因为不勤奋，而是因为没有足够勤奋。**

哈佛的学生是怎样学习的？

哈佛的本科生，每学期至少要选修4门主要课程，一年是8门课，4年之内修满32门课并通过考试才可以毕业。一般而言，学校都要求本科生在入校后的头两年内完成核心课程的学习，第三年开始进入主修专业课程的学习。只有最聪明的天才学生可以在两三年内读完这32门课，一般的学生光应付4门课就已经忙得头晕脑涨了，因为在课堂上教授们讲得飞快，不管你听得懂听不懂，课下又留下一大堆阅读材料，读不完你根本就完成不了作业。**你在这里一个星期的阅读量是你在中国的大学中一年的阅读量**。而且，在哈佛的作业量要求很大，你课后要花很多时间看书，预习案例。每堂课都需要提前做大量的准备，课前准备充分了，上课时才能在课堂上和别人交流，贡献你的个人思想，才能和大家一起学习，否则，你是无法融入到课堂教学中去的，当每个学生都投入了时间认真准备了，才可以快速推进课堂讨论的进程，而之前如果不读那么多的书，你就无法参加到课堂讨论之中。哈佛学生的学习压力也来自学校的淘汰机制。哈佛平均每年有大约20%的学生会因为考试不及格或者修不满学分而休学或退学，而且淘汰的20%的学生的考评并不是学期末才完成，每堂课都要记录发言成绩，平均占到总成绩的50%，这就要求学生均匀用力、不能放松。在哈佛不仅学生有压力，老师一样有压力。在哈佛的课堂，要求老师讲的东西都是新的。老师每年讲课的内容都要跟住前沿科学的发展变化。因此，哈佛的老师必须处在最前沿科学的研究阵地。**哈佛认为，教授首先应当是个学者，能够享受挑战和创新的乐趣，而且能与他人进行有说服力的交流。**

凌晨的哈佛图书馆

中国大学生的大学生活相比之下太轻松了，我们总是说，中国的孩子为了高考受了多少苦，其实，在美国一些著名的中学里，高中的学习同样是很苦的。在美国，随着年龄的增长，一点点加大学习的任务。到了大学时是最苦的，**所有的精英教育全都必须是吃苦的。**而中国的孩子到了大学，却一下子放松下来了。**他们放松的4年，恰好是美国大学生最勤奋的4年，积蓄人生能量的黄金4年。**所以，美国的高科技人才一直是世界最多的。我们国内的一些重点大学很难让人感受到哈佛那样的学习气氛和探究氛围，到了哈佛，你才知道真正的精英并不是天才，都是要付出更多努力的人。

说到中美大学生的比较，有两点值得一提。

一是我们的学生缺少吃苦精神。我们的家长和学生认为高考前是最苦的。我们讲的寒窗苦读，很多时候是被动的苦，带着功利的苦，而不是因为自己有浓厚的兴趣。不少大学生经过高考的“独木桥”后，开始在大学校园里舒舒服服地等着毕业：上课想逃就逃；考试前临时抱佛脚。

二是有些家长也是从小灌输给孩子这种思想，让孩子认为，所有的学习都是为了高考。于是，高考结束，学习变得不再重要。而在美国大学，尤其是精英云集的大学所要付出的苦是我们想象不到的。**在哈佛，“征服学习！”是每个人的口号。**要想变得强大就需要学习得更多，为此，哈佛的课程安排多而且紧张。其目的是帮助学生提高批判性思维能力和想象力，学会发现和鉴别事实真相，坚持对事物进行严谨的分析，能够理性、历史地认识现实问题和道德问题。另外，练就长时间超负荷学习的毅力。

学习的精髓在于——先松后紧

当美国大学生带着浓厚的兴趣，积聚能量，为步入社会工作做准备的时候，身为中国的大学生却长长地舒了口气，觉得我终于可以好好休息休息了。中国式的教育让学生在高考前“用力”过猛，在该储备能量的阶段不仅没有积蓄能量，而是大量消耗了这种能量。一位中国旅美教师说，中国学生在大学阶段被美国学生远远地甩在了后面。其根源还在于我们的基础教育。**美国小学是知识的吝啬鬼，严格限制孩子得到知识的数量，一个月只允许孩子得到一个知识，孩子每得到**

一个知识都需要付出很多的汗水和辛苦；在这个过程中，动手、思考和感悟比知识本身更重要；孩子对知识总是有渴望的感觉。而中国的小学教育是一个贪婪鬼，把知识当成了免费的黄金珠宝。中国教育者不知道知识与智慧的关系，总是让孩子直接得到越来越多的知识。**美国教育的聪明就在于：先让孩子去感悟，去思考，然后得到知识，这个时候知识就变成了智慧；由于开始的时候，知识都特别简单，比较容易得到感悟，知识也就容易变成智慧。智慧其实就是我们常说的创造力。**学习有三个阶段：感性认识——感悟——知识，知识是学习的最高阶段。美国教育让孩子走完三个阶段，才能得到知识；中国教育是让孩子通过感性认识得到知识，或者直接得到知识。**美国教育一个月的知识量只相当于中国教育一天的知识量。相差29天，这29天就是感悟的时间。美国教育通过让孩子感悟比中国教育多产生了一个东西：智慧。美国学生比中国学生多产生了一个东西：创新能力。**在高中时期，美国学校培养的是自主学习的习惯。而比较中国，中国的高中是老师填鸭式学习，让学生习惯了依赖。能力、习惯上的差距，让中国学生与美国学生在大学选择了不同的生活方式和态度。哈佛的学生说，在哈佛学习强度大，睡眠很少，有在炼狱的感觉，对意志是一个很大的挑战。但是如果挺过去，以后再大的困难也就能够克服了。而中国大学生认为，终于摆脱束缚，可以想干什么，就干什么了。于是，把大多数时间用在了学习以外的事情上。我们在最该学习的时候断档了。这就注定了，我们的大学生被甩得越来越远。

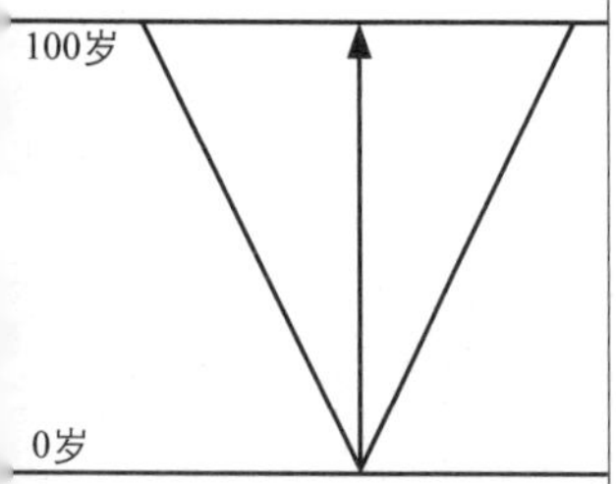

美国人学习是倒金字塔，年纪越大，学习欲望越大。

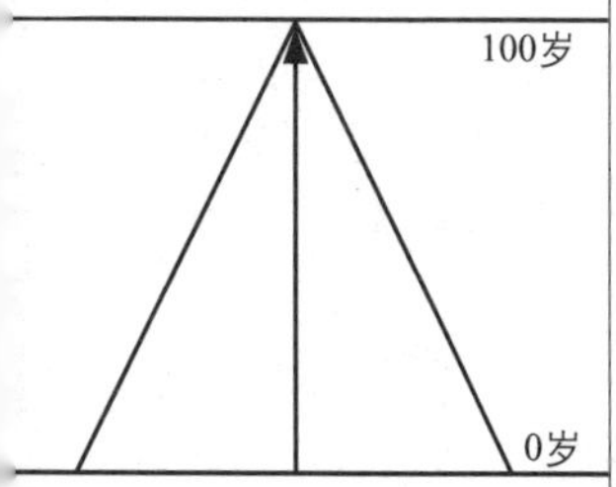

中国人学习是正金字塔，年纪越大，学习越少。

很多学者用金字塔来形容中美学生的学习能力。差别在于，中国孩子的学习能力是正金字塔，年纪越大学习的空间越小。而美国学生的学习是倒金字塔，他们学会的是持续学习的能力。中国学生的学习动力，还有大学的严进宽出的教育体制，都让他们觉得上大学是无比轻松的一件事情。从自身到外在都没有敦促他们学习的力量，于是，放松成为一种普遍的状态，都在讨回他们前12年被克扣的休闲时间，尽情地休闲。中国学生是刻苦学习12年，到大学休闲。美国学生是“休闲”12年，大学开始刻苦学习，玩命地学。这是走向社会前，最有价值的黄金学习阶段，这4年，他们在本领与情商的提高上会有质的飞跃。在哈佛，教授们会时常提醒学生们要做好时间管理。**在人生的道路上，你停步不前，但有人却在拼命赶路。也许当你站立的时候，他还在你的后面向前追赶，但当你再一回望时，已看不到他的身影了，因为，他已经跑到你的前面了，需要你来追赶他了。所以，你不能停步，你要不断向前，不断超越。成功与安逸是不可兼得的，选择了其一，就必定放弃另一个结局。今天不努力，明天必定遭罪。哈佛告诉她的学生："学习时的痛苦是暂时的，未学到的痛苦是终生的。"**而我们的大学生，正在品尝这种痛苦，我们民族也在为此付出代价。

一种荣誉，一种证明

哈佛的毕业生有一个传统：捐助哈佛。哈佛的资金三分之一来自捐助。很多学生的家长，也都是哈佛校友，哈佛人。一代一代的哈佛人，进入社会上层又把财富反馈给母校哈佛。每年的捐款是哈佛收入的重要部分。给予往往是相互的。是先有哈佛的给予还是先有给予的哈佛，这个问题或如鸡生蛋还是蛋生鸡那样说不清，或者只有让哈佛告诉你。哈佛没有高楼大厦，只有新英格兰的红砖墙。即使诺贝尔奖获得者也不过在校园有一个绝不起眼的停车位。毕竟哈佛最起眼的是100座图书馆，尤其是一个个像图书馆那样的人，或者说，一个人就是一座图书馆。哈佛或哈佛人是不需要任何包装的。**有人称哈佛的史华慈是一位东方大儒，在他动过癌症手术82岁高龄的时候，依然天天早上按时去办公室工作，即使有时要倒下。他办公室里挂大衣的两个衣架，竟是用铁丝胡乱缠绕而成的。**

某教授对学生说，你学我这门课，你就一天只能睡两小时。学生想，那么，我学四门课，我就没有睡眠时间了，就得倒贴睡眠时间了。哈佛的博士生，可能每3天要啃下一本大书，每本几百页，还要交上阅读报告。**哈佛过桥便是波士顿，前人类学系主任张光直在哈佛读博士那几年，没有上过桥没有去过波士顿。**

哈佛学生或是哈佛教授，首先不是一份荣誉，而是一种证明。证明人到底可以拥有怎样的意志力，人到底怎样发挥潜力。哈佛是一种象征，最高智慧的象征，最高学府的象征。象征人的意志、人的才情、人的理想。

最著名的20条训言

作为闻名于世的学府，哈佛大学培养了许多名人，他们中有33位诺贝尔奖获得者、7位美国总统以及各行各业的职业精英。

究竟是什么使哈佛成为“精英生产工场”？

哈佛学子究竟接受了什么样的精神和理念才拥有了如此非凡的人生？

这些问题吸引着成千上万的人去探知其中的答案。哈佛图书馆墙上的20条训言似乎已经给出了答案。短短数语，引发深思，给人启迪。

哈佛图书馆的20条训言——

1. 此刻打盹，你将做梦；而此刻学习，你将圆梦。

2. 我荒废的今日，正是昨日殒身之人祈求的明日。

3. 觉得为时已晚的时候，恰恰是最早的时候。

4. 勿将今日之事拖到明日。

5. 学习时的苦痛是暂时的，未学到的痛苦是终生的。

6. 学习这件事，不是缺乏时间，而是缺乏努力。

7. 幸福或许不排名次，但成功必排名次。

8. 学习并不是人生的全部。但既然连人生的一部分——学习也无法征服，还能做什么呢？

9. 请享受无法回避的痛苦。

10. 只有比别人更早、更勤奋地努力，才能尝到成功的滋味。

11. 谁也不能随随便便成功，它来自彻底的自我管理和毅力。

12. 时间在流逝。

13. 现在流的口水，将成为明天的眼泪。

14. 狗一样地学，绅士一样地玩。

15. 今天不走，明天要跑。

16. 投资未来的人，是忠于现实的人。

17. 受教育程度代表收入。

18. 一天过完，不会再来。

19. 即使现在，对手也不停地翻动书页。

20. 没有艰辛，便无所获。

哈佛校园

哈佛老师经常给学生这样的告诫：如果你想在进入社会后，在任何时候任何场合下都能得心应手并且得到应有的评价，那么你在哈佛学习期间，就没有晒太阳的时间。在哈佛广为流传的一句格言是“忙完秋收忙秋种，学习，学习，再学习。”

人与人的差别在业余时间

人的时间和精力都是有限的，所以，要利用时间抓紧学习，而不是将所有的业余时间都用来打瞌睡。

有的人会这样说：“我只是在业余时间打盹而已，业余时间干嘛把自己弄得那么紧张？”爱因斯坦就曾提出：**“人的差异在于业余时间。”**一位在哈佛任教的朋友也告诉我说，**只要知道一个青年怎样度过他的业余时间，就能预言出这个青年的前程怎样。**

20世纪初，在数学界有这样一道难题，那就是2的76次方减去1的结果是不是人们所猜想的质数。很多科学家都在努力地攻克这一数学难关，但结果并不如愿。1903年，在纽约的数学学会上，一位叫做科尔的科学家通过令人信服的运算论证，成功地证明了这道难题。

人们在惊诧和赞许之余，向科尔问道：“您论证这个课题一共花了多少时间？”**科尔回答：“3年内的全部星期天。”**

同样，加拿大医学教育家奥斯勒也是利用业余时间做出成就的典范。奥斯勒对人类最大的贡献，就是成功地研究了第三种血细胞。他为了从繁忙的工作中挤出时间读书，规定自己在睡觉之前必须读15分钟的书。不管忙碌到多晚，都坚持这一习惯不改变。这个习惯他整整坚持了半个世纪，共读了1000多本书，取得了令人瞩目的成绩。

狗一样地学，绅士一样地玩

我们说要珍惜时间，努力为实现理想而打拼，但有一点要注意，那就是不要一味地拼命，也要有适度的休息和放松。对此，哈佛有个很贴切的说法，叫做“狗一样地学，绅士一样地玩”。话虽略显粗俗，但揭示的道理却很深刻。

在哈佛，虽然学习强度很大，学生们承受着很大的学习压力，但他们也不提倡学生把所有的时间都用来学习。他们认为，学要尽力，玩也不能忽视。哈佛的学生也说，哈佛的课余生活要胜过正规学习。而哈佛也意识到适度的课外活动不但不会背离教育使命，而且还会给教育使命以支持。因此，他们提出要像“绅士一样地玩”。

在哈佛，学生们除了紧张地学习，还会参加学校组织的多种艺术活动，比如音乐会、戏剧演出、舞蹈表演及各种艺术展览等，此外，哈佛每年还会举办艺术节，以活跃学生的业余生活。这些充满着浓厚艺术氛围的活动不仅让学生接受了艺术教育和熏陶，而且提高了学生的艺术修养和审美能力。

哈佛的理念就是要求你在紧张的学习和工作后，能够暂时地完全忘记它们，像投入工作那样投入玩耍，尽情地放松。的确，在你尽心休闲的时候，所得到的体力和精力的恢复会为你下一阶段的奋斗增添无穷的动力。所以，在前进的路上，你不仅要勤奋努力，更要学会放松。

目标

精英只比庸人多了一样东西

作为世界知名的学府，哈佛十分强调要有长远眼光，为未来投资。**要投资未来，就要定好未来的投资方向，就是要及早地设定人生目标（详见《凶猛成长》第10课“天道酬早”）**。没有目标，就谈不到发展，更谈不上成功。

哈佛大学曾进行过这样一项跟踪调查，对象是一群在智力、学历和环境等方面条件差不多的年轻人。调查结果发现：

27%的人没有目标；

60%的人目标模糊；

10%的人有着清晰但比较短期的目标；

其余3%的人有着清晰而长远的目标。

以后的岁月，他们行进在各自的人生旅途中。25年后，哈佛再次对这群学生进行了跟踪调查。结果是这样的：**3%的人，在25年间朝着一个方向不懈努力，几乎都成为社会各界的成功人士，其中不乏行业领袖和社会精英**；10%的人，他们的短期目标不断地实现，成为各个领域中的专业人士，大都生活在社会的中上层；60%的人，他们安稳地生活与工作，但都没有什么特别成绩，几乎都生活在社会的中下层；剩下27%的人，他们的生活没有目标，过得很不如意，并且常常在抱怨他人，抱怨社会，当然，也抱怨自己。

其实，他们之间的差别仅仅在于：25年前，他们中的一些人就已经知道自己最想要做的是什么，而另一些人则不清楚或不很清楚。这个调查生动地说明了明确生活目标对于人生成功的重要意义。

我有一位朋友在电视台做美丽女主播，超级喜欢香水，还收集各式各样的香水瓶。她有一套自己的“香水哲学”：香水，95%都是水，只有5%不同，那是各家秘方。人也是这样，95%的东西基本相似，差别就是其中很关键性的5%，包括人的养成特色、人的快乐痛苦欲望。

香精要熬个五年、十年才加到香水里面去的；人也是一样，要拥有一个只属于自己的目标，才有自己的味道，这种味道是独一无二的。

精英只比庸人多了一样东西——目标，一个有最后期限的、让你梦萦魂牵的目标。

世界就是这样，有目标的人领导缺乏目标的人，有梦想的人雇佣没有梦想的人。

如果你要掌控自己的人生，请从树立一个清晰无比的目标开始！

楠哥寄语：

最近网上流传一篇文章，被年轻学子们大量转载。笔者对之进行了改动，收录在本书中，目的是让更多的年轻人读到这篇文章并保存下来，相信这对他们一生的学习理念有所启发。也感谢原作者的贡献！

让大家了解哈佛，并不是让大家盲目羡慕，更不是让大家崇洋媚外，只是让中国的年轻人，尤其是草根青年们更加警醒。

世界一流大学的精英们都在拼命学习，以前我们就已经远远落后于他们了，现在我们有什么资格不奋起直追呢？

哈佛学子是我们的榜样，更是我们的对手。

尊重对手的最佳姿态就是——超越对手！

头悬梁，锥刺股。早已不是中国学生的专利。

绝学5

做悍将，不做才子！

在中国，相貌俊朗、学富五车、才高八斗、随性无忌的男子，被称作“才子”。物以稀为贵，具有这种特质的人不多，因此被大家羡慕嫉妒恨。而且，中国还有一个美丽浪漫的词汇，叫“才子佳人”，才子常和佳人联系在一起，因此，被人称作“才子”似乎是一件值得炫耀的事情。

历史上有很多才子，都衣冠楚楚，名声显赫，但是命运呢？

屈原是才子，“路漫漫其修远兮，吾将上下而求索；饮余马于咸池兮，总余辔乎扶桑；折若木以拂日兮，聊逍遥以相羊”——一曲《离骚》成为文学史上光照千古的绝唱。

司马相如是才子，好读书，善弹琴，风流洒脱。“凤兮凤兮归故乡，遨游四海求其凰。时未遇兮无所将，何悟今兮升斯堂。

曹植是才子，有谢灵运“天下才共一石，曹子建独得八斗”的评价。

李白是才子，诗风豪放飘逸，气势雄浑瑰丽。

柳永是名副其实的风流才子，出没于青楼，与妓女交欢，纸醉金迷，醉生梦死。

看看这些才子，或怀才不遇，政治上郁郁不得志，或风流浪漫，抱得美人归。这是古代才子的基本情况。

再看现在，当你被别人称作“才子”的时候，可能会有以下几种情况：

一、你有好的教育背景，毕业于名牌大学，专业知识渊博；

曹植（192—232） 字子建，沛国谯（今安徽省亳州市）人。三国曹魏著名文学家，建安文学代表人物。魏武帝曹操之子，魏文帝曹丕之弟。后人因他文学上的造诣而将他与曹操、曹丕合称为“三曹”。

二、你脑子好使，主意多，反应快，素质高，堪当大任；

三、你是一个只会说不会干，理论强于实践，书生气十足的呆子；

四、你就是一文艺青年，不务正业，酸文假醋，百无一用。

不管褒义还是贬义，才子的突出特征是学识上的鹤立鸡群、思想上的锋芒毕露、行为上的特立独行。

才子都是性情中人，高兴就豪唱，生气就骂街。我一想到让皇帝最宠信的人给自己提鞋，背后就嗖嗖冒凉风，但是唐朝诗人李白把这种事坚决地做了，而且没有心理障碍。在他让高力士给他脱靴子的那一刻，确实做到了豪情万丈，不管不顾，但也葬送了自己的职场前途。也许老百姓觉得让高官给诗人脱靴子是一件解气的事，然而这却是才子缺乏政治头脑、性情随意、处世之道极不成熟的表现。

我的建议是：如果你常被称作“才子”，就要小心了！别人的潜台词是：你文采、口才都不错，甚至还是业务骨干，**但是，你的致命缺点——不懂政治。才子，只能玩转事情，玩不转人。这就毁了**！政治上不成熟，没有领导能力，只懂得自己擅长的那点文墨，这绝对不行！在这种语境下，才子的确不是一顶人人都愿意领的高帽，尤其是对一些真正有抱负的人。他在心里会说：你才是才子呢！你们全家都是才子！你们整个小区都是才子！

悍将

才子与悍将比起来，简直就是年幼稚嫩的孩子与高大伟岸的父亲之间的对照。成为才子太容易，太简单，太没意思，成为悍将太难，太具挑战。也正因为如此才更有意思，更好玩，一旦实现以后才更有价值、更有成就感、更过瘾！

如今，商场如战场，职场如战场。

我要立场鲜明地告诉大家：**在商场和职场上，做才子不如做悍将！**

商业社会有一个突出特点：一群人组成一个团队、一个部门或者一个公司，凡事协同作战，而不是像佐罗一样一个人孤零零地行侠仗义、我行我素。不管是政府机关、事业单位，还是公司企业，有一个美丽的地方叫做“职场”，在那里，一群人一起创造价值。

在人多而且需要互相协助的地方，鹤立鸡群是被鼓励的，而锋芒毕露、特立独行一定会给组织的运转带来负面的影响。在任何组织机构里，都需要把“才子”改造成“财子”！**无论你是谁，只有你的“才”可以转化为生产力，产生巨大的市场价值，你的“才”才可能被大家认同，否则你的“才”只是自己孤芳自赏的玩物而已，大家不要批评我说得赤裸裸，在商业社会这就是现实。**

在市场时代，你的任何“才华”都要讲经济效益和市场回报，你的“才华”必须对别人有“大用处”，甚至要让整个商业链条中的人都从你的“才华”中受益。

拿出版业来讲，你有“写作”的才华，可以把小文章写得精彩绝伦、引人入胜，你就是才子；如果你对“写作”狗屁不通，但是可以把编写——编辑——排版——印刷——营销——渠道——配货——促销——签售——回款等一系列出版流程运作得行云流水，天衣无缝，而且你可以在茫茫人海中慧眼识宝，找出一流的作者和一流的作品，可以把内容一流的书运作成销量一流的畅销书，把一流的作者包装成有相当市场号召力的畅销书作家，这样的你才叫悍将！

血性大于才华！

既然如此，你会问：究竟什么样的人才是悍将呢？

必须具备三点：第一有血性，第二有血性，第三还是有血性！

我觉得，一个人就像是一个瓶子，血性就是瓶盖，没有打开瓶盖，任他有天大的本事在肚子里晃荡，还是施展不出来，他那些本事狗屁不是。**就成事而言，血性大于任何才华！**

血性，就是敢想敢做，没有犹豫，在性命攸关的那一刻敢于迈出去！为了正确的目标，无所不用其极，这就是一条有血性的好汉！大家注意，我这里说“无所不用其极”不是贬义，而是褒义。一个想要有所作为的人，必须具备这种劲头和冲劲。

有两个人让我感受到血性。

第一位是我的司机李师傅。小时候他学习非常差，甚至觉得自己是弱智。他自己说小学六年里只学了一个单词，我问他是哪个单词，他说忘了，当时把全车的人笑得前仰后合。一首诗只有四句也背不过，整天被老师赶到操场上晒太阳。实在是没有出路，家里就只好让他学车，学了一年的卡车司机。

他学车的年代比较早，考试比现在严格很多，一本交通规则的书需要全部背下来。他想：自己连四句诗都背不过，怎么学那么厚的一本书啊？后来一想如果学不出来，交的2800元学费就拿不回来了，这对于他不太富裕的家庭可不是一个小数目，因此他没有退路，必须学好这本书。**学得会也得学会，学不会也得学会！**后来驾驶考试，90分以上才能通过，他每次模拟考试都能考满分。跟他一批的学员都是官员、公司老总，脑子很聪明，就是考不过他，为什么？他说：我没有退路了，这本交通规则我不是学会的，而是背会的！每天四道题、每天四道题背下来的，所以每次能考到满分！遇事敢于豁出去舍命一搏，这就是血性。

第二位是我的一位学生。当时这个女孩正在准备考研，英语基础极差无比，连river， for example都不认识。她是北京电影学院的学生，会写剧本。有一次，她伸出右手给我看，手上全是茧子。我问她：你又不干重活，怎么磨出来的茧子？她说：我写剧本，不停地写，不停地写，就磨出来了，虽然我是学生，但是我现在一个月能挣两万，就是写剧本挣的。

当时，她正在准备考研，英语词汇量不够，于是她睡觉从不关灯。邻居都很奇怪，这个女孩卧室里的灯整宿整宿地亮着，她在干嘛呢？原来，她睡一会儿就背会儿单词，再睡一会儿起来再背会儿单词，总之，只要睡醒了她就背单词，背累了再睡。有一次，她睡着了梦到一个单词，二话没说立刻起身穿上衣服，把那个单词查出来记住，然后再回去睡觉。

有一次，她的手缠着绷带来上课。我问她怎么受伤了，她说背单词背迷了，没看路，摔倒了。最后这个学生把近十年的考研真题做了十一遍！十一遍！终于考上了北影，开学以后还给我以及教过她的每一位老师寄来了贺卡。

后来，我和这个学生成了无话不说的朋友。她告诉我，其实她家里很有钱，山东烟台沿海一带著名的房地产项目都是她家开发的。但是她和妈妈在家族里没有地位，她的伯父伯母管家，还冷嘲热讽她考不上研究生。因此，她告诉自己：必须考上北影，让自己和妈妈在家里扬眉吐气！

大家看到了吧，**这就是血性，一股不达目标誓不罢休的威猛气质。人生有的时候需要你豁出去干一票，那时候，你不能有片刻的犹豫，尤其是不能有丝毫的懦弱！**

严格的力量

日本有一位销售员，卖百科全书是全世界第一名，最著名的就是他的微笑，他有着"蒙娜丽莎般迷人的微笑"。据说顾客一看到他的微笑就会被深深地迷住，不知不觉地从他那里买东西。这种说法有些夸张，但是有一点可以确定，这位销售员为了练习迷人的微笑的确下过一番苦功。每次在拜访顾客之前，他都会躲在厕所里用两根手指撑起嘴巴，微笑微笑微笑，练习熟练了才去拜访顾客。

蒙娜丽莎的微笑

请问，这种认真的态度有几个人具备呢？没有人像他一样去做，因此没有几个人成功。我也理解了一句话：**成功者做别人不愿意做的事情。**

他晚上给客户打电话，要穿好西装，打好领带，穿上皮鞋，打完电话脱掉西装、鞋子再去睡觉。老婆问他，顾客接电话又看不到你的样子，何必这么折腾？**他说客户看不到我，但是我自己看得见自己。我要有一流的工作态度和自我要求！**

这个人六十多岁时教销售人员电话营销，他自己亲自站着打100多个陌生电话；他还把百科全书卖给农民，说自己要做别人不做的事情，开发别人不开发的市场；他规定自己每天必须卖掉5本百科全书，卖不完就不回家，只能睡在汽车里。睡汽车不能打开空调，太冷了，所以他有很强的动力要卖掉5本百科全书！**除了认真还是认真，除了严格还是严格！**

一个人成功是因为他很认真，一个人不成功是因为他不够认真。

一个人成功是因为他对自己足够严格，一个人不成功是因为他对

自己不够严格！所有的失败者，都是轻易原谅自己的人。

才子性格的弱点就是随心所欲，而悍将成事的原因在于他们对人对事都极其严格。

后来，这位销售员开设了销售课程，他自己穿着军装、带着钢盔给学员上课，把学生也当作军人一样对待。在教给学员销售成交的方法时，他在课堂上提问学生，一位学生回答说："对不起，昨天晚上跟太太聊天，没复习课堂内容。"这位销售员立刻让学生出去站着，第二个学生说昨天晚上去跳舞了，销售员让他也出去站着！连续提问了五个学生都不会，都出去站着！

最后，这位销售员立刻让所有学生下课休息3个小时，说："你们不够水准，不配做我的学生！"在场的学生都吓了一跳，觉得老师疯了，但是他们就这样学会了**成功的第一秘诀——严格！**

这个世界非常现实，如果你没有力量解释自己，别人就会解释你。要想拥有对自己的解释权只有一条出路——强大自己！而强大自己也只有一条出路——严格要求自己！细节决定成败，态度决定一切。只有对你做的每一件事情严上加严，经年累月以后，你才会变得强上加强！

西点军校　美国军事学院（The United States Military Academy at West Point），是美国第一所军事学校，位于纽约州西点（哈德逊河西岸）。校训是"责任、荣誉、国家"，该校是美国历史最悠久的军事学院之一，曾与英国桑赫斯特皇家军事学院、俄罗斯伏龙芝军事学院以及法国圣西尔军校并称世界"四大军校"。

No Excuse！（没有任何借口！）

在美国西点军校，有一个广为传诵的悠久传统，学员遇到军官问话时，只能有四种回答：

"报告长官，是！"

"报告长官，不是！"

"报告长官，不知道！"

"报告长官，没有任何借口！"

除此以外，不能多说一个字。

"没有任何借口"是美国西点军校200年来奉行的最重要的行为准则，是西点军校传授给每一位新生的第一个理念。**它强化的是每一位学员想尽办法去完成任何一项任务，而不是为没有完成任务去寻找借口，哪怕是看似合理的借口。**秉承这一理念，无数西点毕业生在人生的各个领域取得了非凡的成就。

千万别找借口！这个世界上寻找各种借口原地踏步的人太多了，我们缺少的正是那种想尽办法去完成任务的人。在他们身上，体现出一种服从、诚实的态度，一种负责、敬业的精神，一种勇猛的执行能力。

在工作当中，我们经常能够听到的是各种各样的借口：

“那个客户太挑剔了，我无法满足他”。

“我可以早到的，如果不是下雨。”

“我没有在规定的时间里把事做完，是因为……”

“我没学过。”

“我没有足够的时间”。

“现在是休息时间，半小时后你再来电话。”

“我没有那么多精力。”

“我没办法这么做。”

……

其实，在每一个借口的背后，都隐藏着丰富的潜台词，只是我们不好意思说出来，甚至我们根本就不愿说出来。借口让我们暂时逃避了困难和责任，获得了些许心理的慰藉。但是，借口的代价却无比高昂，它给我们带来的危害一点也不比其他任何恶习少。

“没有任何借口”看起来似乎很绝对、很不公平，但是人生并不是永远公平的。西点就是要让学员明白：**无论遭遇什么样的环境，都必须学会对自己的一切行为负责**！学员在校时只是年轻的军校学生，但是日后肩负的却是自己和其他人的生死存亡乃至整个国家的安全。在生死关头，你还能到哪里去找借口？哪怕最后找到了失败的借口又能如何？“没有任何借口”的训练，让西点学员养成了毫不畏惧的决心、坚强的毅力、完美的执行力以及在限定时间内把握每一分钟每一秒去完成任何一项任务的信心和信念。

让我们永远记住古代斯巴达战士的格言：从不问敌人有多少，只问敌人在哪里！

做事不找借口，人生没有借口！

勇猛的斯巴达战士

你什么都不缺，只缺乏——失败！

有一个周六，我在家里看江苏卫视的《非诚勿扰》，男嘉宾阳光帅气、事业有成，选的女嘉宾也温柔娴淑、美丽大方。在最后的选择时刻，女嘉宾放弃了，没有跟帅小伙成功牵手。现场的主持人孟非、乐嘉、黄菡以及在场的观众都大跌眼镜，为什么？为什么？为什么？女孩子说："男嘉宾，你每一个方面都很优秀，都很成功，这些在很多人眼里都是完美的。但是我认为：**一个男人还没有经历过巨大的失败，说明这个男人还不成熟，不够坚强**！所以，很抱歉，我不能跟你走。" 看到这里，我暗暗佩服这个女生，小小年纪居然可以这样识人，真是不简单！

这让我想起与一位朋友的对话。

我这位朋友是少年有成的人，年纪轻轻就在一家美国上市公司里做中层管理者，受到领导的赏识、下属的敬佩，收入不菲，前景一片大好。有一次，我们在一起吃饭，他问我："一楠，我从大学毕业到现在，一帆风顺，没有经历过太大的挫折，周围的领导和同事都很喜欢我，我负责的部门业绩也不错，这说明我的情商和智商都不差。但是我不满足，我想有更大的成就，你说我还缺乏什么？"我说：**"现在的你什么都不缺乏，唯一缺乏的就是——失败！失败带给你的将是对过去深度的反思，反思之后才会有更激烈的反抗。"**朋友是聪明人，重重地点了点头，陷入了沉思。

没有消沉过，何谈重新振作？没有被打倒过，何谈再度雄起？

一个有所作为的人，一定要经历过失败，最好是大失败，才会慢慢成熟。

这种成熟的标准是——

言行举止，收敛锋芒；

待人处事，韬光隐晦；

磨砺心智、卧薪尝胆、隐忍以行、蓄势待发；

终有一日，你将一鸣惊人、一飞冲天！

男人帅不帅不是关键，关键是要有气场；

男人有没有气场也不是最关键的，最后比拼的是容忍失败、重新站起的胸怀和气度。

这是你身经百战后睥睨群雄的一种眼神！

这是你屹立不倒、昂首挺立的一种挺拔！

不过，经历失败，不是目标，而是手段。

蛰伏的最终目的，还是崛起！

有时候，失败的人太在乎面子，太要脸面，太在乎周围的朋友、同事、同学、邻居怎么看自己。而悍将不然，他们觉得自己的事自己决定，没必要让每个人都舒服，也不可能让每个人都认同，只要这个目标是对的，就要千方百计将它实现。**活着的价值就在于——实现目标！**

太要脸就是不要脸，不要脸才是真正的要脸。

为什么这么说呢？以公众演讲为例。

如果你特别要面子，总是怕自己讲砸了就会特别紧张，这种演讲会被观众们一眼就看出来，你的语言不熟练，更谈不到精彩了。观众对你失望，这时候你反而丢了脸面。但是如果你不要脸，就会放得开，管你观众听得爽不爽，老子先把自己讲爽了再说。这样发挥就会好，观众也会看出你淋漓尽致的挥洒，就会博得满堂彩，这时候你就有脸了，这就叫“不要脸就是要脸”。

还有一个令我印象深刻的例子。有一次，我和一位作家都收到某城市最大的新华书店和出版社的现场签售邀请，我欣然前往，而那位作家婉拒了这次邀请。原因是那位作家太爱面子，他对自己的定位就是才子兼作家，要被读者和人民群众哄着、捧着、供着，他害怕自己在那座城市的人气和影响力不够，来现场签售的人太少，自己就会极其没有面子。而我不同，我对自己的定位是企业家，一个商人在商场上被人坑蒙拐骗都是家常便饭，一场读者寥寥的签售会何足挂齿？不管有没有人，都要去！即使没人知道我，我也要让团队在现

我在签售现场演讲

场折腾出人气来！结果，我让五位助理提前在签售现场发传单、贴海报、整理巨幅形象墙、抽奖、采访、朗诵、主持，不活生生聚出人气决不罢休！而且，我把这场签售会的信息群发给了手机里所有的亲朋好友，让我惊喜的是，一位收到短信的企业家在外地不能亲自来，他让自己的哥哥代表他来现场捧场，团购了很多书。

才子以为：不行的就是不行，行也不行；

而悍将以为：行的就是行，不行的也能做成行！

这就是悍将与才子之间最大的差别。

年少时，我曾经苦苦探索成功者必备的能力和素养。当我长大以后，经历了我不该经历也不想经历的一些事情，终于明白：其实，成功，最需要修炼的是——成熟的人格。**一个男生，只要遇到困难就想放弃，在心理上就还是个孩子，这就是不成熟。**一个男生只要没有修炼坚强成熟的内心，无论他的年龄多大，都永远是个男孩， 不是真正的男人。**要成为一个真正的铮铮铁汉，必须学会接受自己不愿意接受的，忍受自己不愿意忍受的，感受自己不曾感受的。**把不能接受和忍受的事情和人，把不曾感受的经历逐一吸收，消化，化作自己快速成长的伟大基因。以这些曾经不适应的困难、痛苦、错误当做燃料，让它们在自己的体内燃烧，产生烈烈火焰，烘烤自己曾经脆弱的不堪一击的心灵。假以时日，曾经脆弱的心灵，百炼成钢！这时候，心智逐渐成熟，内心逐渐强大，最终从一个稚嫩的男孩蜕变为成熟的男人。

我认为，从男孩到男人，在这个过程中最重要的是——拥有一颗坚强的心。

寒门生贵子，白屋出公卿。

将相本无种，男儿当自强！

百炼成钢，是为悍将！

在成为悍将的道路上，我们要经历六个关口，让我们以六个年级来标明他们，只有战胜眼前的对手，才能升入下一个年级。

第一个level（级别），你要学习的是**理论**。

理论引导行动，行动回过头来验证理论。

悍将不是莽夫，必须学习必要的理论知识。知识不需要太多，有的时候仅仅是常识就可以了，少而精的知识对于成就事业起到点燃、引爆的作用。天不怕，地不怕，就怕流氓有文化。同理，用知识武装起来的悍将，更是不可战胜的。他们依靠的不仅仅是一时的鲁莽和彪悍，而是理性的思考和冲天的豪情。

第二个level，你要学习的内容是**实战**。

才子只会从书本中学习战争；而悍将会从战争中学习战争。

这一条是头等重要的，也是悍将与才子最大的区别之一。才子最大的特点是纸上谈兵，夸夸其谈。而悍将不同，他们性格内敛，言语不多，只会带着任务直接朝着目标奔袭，没有一个多余动作，绝不拖泥带水，这都是在实战当中锤炼出来的男人作风。

作为一个学员，想成为悍将，基层是最好的课堂，站在底层看金字塔的顶端会有刺眼的阳光，如果没有决胜的信念和坚强的毅力，你连遥望的勇气都没有。实战，必须从基层开始。

只有战场，才能让一个人成为真正的战士，这里是悍将之所以成为悍将的地方，这里是属于你一个人尽情表演的天堂。你必须亲手持刀去追击敌人，见识战场的惨烈，明白人被刀砍是要死的，了解你不杀我，我就杀你这条战场上永不过时的真理，知道所谓打仗就是以性命相搏，你们才会明白什么是战场，什么是实战。虽然，如今没有真正的战场，但是，商场和职场也需要实战的磨练。而留存下来的那些学员，在残酷的实战中逐渐了解了战争的规律，开始真正走上名将之路。

Level 3，你要学习的是——**冷酷**。

才子多情，这是他们命运多舛的根源，但是他们自己一生都没有醒悟，依然逮谁给谁放电传情，甚至连花鸟鱼虫都不放过。**“情感丰富”，在我这里不是褒义词，而是大贬义词！男人只需要亲情、爱情、友情、同情四种核心情感，足够了，哪来这么多的多愁善感？**泛滥的情感，会增加他们身上背负的重量，减少一个人冲锋的动力，丰富的情感是诗歌文赋的来源，却是才子们投笔从戎的最大阻力。

因此，要成为一名悍将，你必须告别“仁慈”、“温和”之类的名词，你必须心如顽石，冷酷无情。**所谓仁不带兵，义不行贾，冷酷**

不是残忍，不是杀戮，而是坚忍。比如你的一个很好的朋友触犯了团队纪律，但你为了维护团队利益和稳定，必须要严惩他，只有这样，才能控制你的团队，即使他是你最要好的朋友，甚至是你的亲人，你也要这样做，这就是真正的冷酷。

学员们将在战场上学会冷酷，你们可能都是善良的年轻人，平时从不与人争吵，但当你们走上战场，亲眼看到自己的同乡和战友与敌人的对决，身负重伤，痛苦地呻吟，你们会被愤怒和痛苦所鼓动，毫不留情地抵抗一切与自己敌对的人。就这样，在这地狱一般的环境中，你们就变了。从温文尔雅到冷酷无情，你们在残酷的环境中毕业了，不合格者将被淘汰，而那些“心如坚石”的人将进入四年级的学习，你们离成为悍将越来越近。

Level 4，你要学习的是——**理智**。

普通人，生活中会被许多事情左右自己的情绪，比如买彩票中个末等奖十几块钱，也会高兴半天，要是炒股票赚了大钱，估计他们会找个世界上最陡峭的悬崖自由落体了。

情绪，情绪，还是情绪，很多人就“死”在不能掌控自己的情绪。

当你在极度紧张的环境中与敌人僵持了很长时间，突然敌人退却了，你能遏制住心中的激动，先判断形势再去追击吗？当你抵挡不住敌人的进攻，全军即将崩溃时，你能及时冷静下来，发现敌人的弱点吗？

是的，这太难了，我们都是凡人，都有感情，容易激动，而我们就必须保持冷静和理智，在任何时候都不被感情左右。

理智，就是不以常人的情绪所左右，目光可以穿越一切，直抵事情的真相。

要成为悍将，你必须把自己从“人”的“七情六欲”中解脱出来，你的判断不是依靠情感，而是依据现实和自己超级理性的判断。

这就是level 4的学员要做到的，精英们，我们继续前进！

Level 5，是最重要的一个年级，在这个年级里，学员们要学习的是**判断**。

这是悍将的重要特征，不需要理由，不需要依据，你能依靠的就是你自己的判断。你要明白的是，你手中掌握的是全体团队成员的命运，而所有的人都等着你拿主意。

员工只管执行，遇到问题，他会问主管，主管会问总监，总监会问总裁，总裁会问董事长，董事长就是整个团队的总指挥，还能去问谁？！

在员工和士兵的眼中，你就是上帝，就是主宰世界的神！他们能否活下来就看你的了！

兵法之所以奇妙，关键在于一个变字，所谓善出奇者，无穷如天地，不竭如江海！战场是一个瞬息万变的世界，决断只在一线之间，进攻还是防守，前进还是退却，都要你拿主意，在你身边也许有一大群出主意的人，但他们往往并不站在真理一边，决断的还是你。如果参谋比你高明，为什么要你当主帅？！

如果你能从那变化莫测的世界中，发现其中的奥妙，并就此做出正确的决断，那么恭喜你，你已经具备了悍将最主要的素质。但是还有一关是你必须通过的，只有过了这一关，你才是真正的悍将。

现在我们来到最后一个level，这个年级我们要学习的是**坚强**。

记得美国西点军校的一位教官说过这样一句话：**我们不怕中国人民解放军军备现代化，就怕中国人民解放军思想毛泽东化！**

“毛泽东化”的一个核心点就是——谁都不怕！好男儿浑身是胆！天不怕，地不怕，人不怕，无畏无惧，坦荡从容。与天斗，其乐无穷；与地斗，其乐无穷；与人斗，其乐无穷。如果你有这种气魄，谁敢惹你？

我喜欢看《亮剑》，喜欢看李云龙跳着脚骂日本鬼子的样子，更喜欢看李云龙严格地训练士兵的样子。有一次，一个士兵说：“小鬼子厉害啊，有武士道！”李云龙接过来就说：“小鬼子有武士道怎么了？老子打的就是武士道！”

独立团之所以有如此强大的战斗力，与其强悍的战斗意志密不可分。只要战斗一打响，李云龙几句话一煽乎，部队就嗷嗷叫着往上冲。独立团和李云龙还有一个性格特点——有仇必报，而且马上就报！你给我一刀，我反手就是一剑！这种有仇必报的性格很直接，在我看来，是一种人性的坚强，值得我们修炼。

李云龙手下所有的兵都有一种气质，桀骜不驯，性如烈火。他们像一堆烈火，一点就着！有这样坚韧意志的人无论做什么事情都会成功，任何事情都怕这种精神！

大家都说“胜败乃兵家常事”，但是灾难真的降临的时候，你试试那种滋味有多难受！项目失败，损失了几百万，你能承受这样的心理压力吗，你怎么去面对自己的家人、亲戚、合伙人，怎么有脸去面对忠心耿耿的员工，那是无数人的血汗钱啊，又不是赌场上的赌资，可以一掷千金！

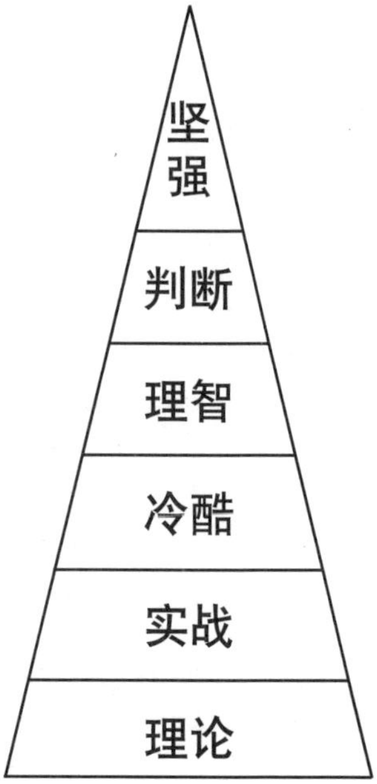

“悍将”金字塔

然而你的选择只能是坚强，**即使你屡战屡败，但必须屡败屡战！**我们可以想象，当你数次败给某个公司，你会畏惧这个公司。**即使你有着杰出的管理、营销、领导才能，但是如果你不能战胜自己的软弱，还是不能成为悍将。**

而那些最优秀的人能够从失败中爬起来，去挑战那个多次战胜自己的人，这才是坚强！

当你具备了以上所有条件后，你就成为了真正的悍将！

记住：才子靠情感、才华、知识生活，而悍将靠理论——实战——冷酷——理智——判断——坚强做事，二者人生的结局有天壤之别。

在变化无穷的商场和政界，要想成为真正的战神，你必须在一次次的竞争中幸存下来，你必须在公司里、学校中、社会上努力获取不为人知的奥秘和规律，经历无数次失败，有勇气从无数先辈的身体上站立起来，去打败对手。

这才是真正的名将之路，一条痛苦、孤独、血腥的道路，在这条路上，能信任和依靠的人只有你自己。但只要你走到终点，光荣和胜利就会在那里等待着你。无论是怎样的悍将，他们就是这样成长起来的。他们完全有理由为自己的成长经历骄傲和自豪。

悍将，必须证明自己赢得天下绝无半分侥幸。

Go ahead！

绝学6

读万卷书是最大的耻辱！

读书未必成功

从七岁到现在，我读了二十几年的书，读书一直都是除了睡觉、吃饭之外占用我时间最多的第三件事，生活中我也一直以自己买书多、读书多为骄傲，直到有一天我看到了这样一篇报道：

在济南的中考火热进行时，来自青州的父女俩给中考泼了一盆冷水。济南七中考点，已在青州放弃中考的女孩施哲莹体验了一把考试气氛，随后，她要跟随爸爸周游全国，深入了解民族文化。女孩的爸爸施晓亮认为，**阅历比知识更能让孩子成长。**200天的周游活动结束后，施哲莹要出国留学。

施哲莹是青州一所普通初中学校的初三学生，在此之前，像许多初中毕业生一样，加班加点备战中考。施晓亮说，有了带女儿周游全国的想法后，他还是忍不住在考试之前跟女儿说了："万卷书咱先不读了，跟爸爸走万里路吧。"而且，他已经打算让女儿出国读高中，因此，对于放弃中考、周游全国的想法，父女俩一拍即合。

施晓亮说，孩子忍受着沉重的书包、无休无止的作业，但她不知道是什么原因，**"有时候我想，一定要这样吗？一定要学习好吗？一定要考名牌大学吗？一定要成功吗？"**

施晓亮强调："我当然希望她学习好，但我不希望她学得太痛苦。"在施晓亮看来，**学习是一个人终生的任务，但学习不仅局限在学校里。他坚信，良好的教育是一种综合教育，不是为了考大学、拿**

学历。

他认为：“**一个人全部的财富在于阅历，其他神马都是浮云！**”他打算把这次旅行作为最好的礼物送给女儿，让她出国前对民族文化有深入了解。明年，施哲莹将出国留学。

博览群书可以成为学者，学贯中西，才华横溢，这曾经是我少年时期的目标。等长大以后我懂得了一个简单的道理，成功有着多元的标准，任何一个在自己的行业里取得成就的人都是成功者，这个行业可以是音乐、体育、民间手艺，也可以是政治、商业、科学技术，读书做学问并不是唯一的出路。

我认识一位民营企业的老总，他在招聘员工时说过一句话，让我刻骨铭心，而且深深刺痛了我，这件事更加坚定了我的一种观念：**此生绝不能只会读书，还要投入到更加伟大的事业中去！他对一位新员工说：“不管你是什么大学毕业，你的毕业证，我都只当作收款凭证，因为它能说明的，只是你的家庭为你读书付过款，而并不能说明你有没有读过书。”**

也许你觉得这句话有些刻薄，但是我告诉你，这就是现实，因为市场是残酷的，竞争是激烈的，职场是现实的，所以每一家公司的每一位企业家都是超级理性的，他们只能接纳有真才实学的干将，不会可怜志大才疏的秀才。各位爱读书的朋友，你们要做的不是埋怨老板们的无情，而是应该反思自己的不足，并在实战中努力成为一名威震四方的职场悍将！

我对职场人士读书有一个小建议，就是一定要“**功利**”。这并不是一个贬义词，有“功利”思维的人对目标有清醒而深刻的记忆，这是一种生存技能，无所谓好坏、善恶。为人处事不可功利，但读书必须“功利”。即：你读的书必须对将来的工作有直接帮助，能让你的奋斗思路有醍醐灌顶的效果，闲书坚决不读，尤其在你还没有实现自己的目标之前，杂书、闲书太耗费时间，而奋斗拼的就是时间！

毕业以后，我认识了很多做成大事的人，发现他们并没有读太多的书，依然成就非凡。**上学=成功吗？**我第一次开始怀疑这个公式，我突然发现在各个行业有所成就的人不一定是读书多的人，甚至是读书很少的人，比尔·盖茨、乔布斯、乔丹、马拉多纳、成龙、李连杰、赵本山、郭德纲、小沈阳、丁俊晖、朗朗、杨丽萍、王宝强，这些人读书多吗？不多！有些人甚至是文盲，但是依然在自己痴迷的领域成就事业，被他们的消费者、顾客、歌迷、影迷以及粉丝疯狂地喜爱，这些各行业的明星也为社会做出了巨大的贡献，我不禁要问：这究竟是为什么？

再后来，我又认识了很多民营企业家，这些人读书也不多，但是经营公司非常成功，为几十位、几百位甚至几千位员工提供工作，为国家缴纳税收，为社会做出了极大的贡献。我不禁又问：这究竟是为什么？

唯有读书才能成就此生吗？不一定！

从此，我的价值观开始颠覆！

以前，老百姓总是说："宁为百夫长，胜作一书生"、"秀才造反，三年不成"、"百无一用是书生"，我总是不太理解这样的话，千百年来每个人都提倡读书，但是读书太多的知识分子怎么又做不成大事呢？百思不得其解。现在，我明白了，读书不一定是成长的渠道，读书过多反而成为我们事业飞翔的重负。在我的想象中，成大业者大脑中的空间很大，应该是一览无余、广阔坦荡，做什么事情都可以任意驰骋，说做就做。但是读书太多的人脑中就会有一条一条的限制，你读过的每一本书都像一条条铁丝网一般，横横竖竖地缠绕在你的大脑当中，每行走一步都会受到阻碍，这些限制最后让你寸步难行、步履维艰。

读书过多，就等于在脑中设置过多的铁丝网。

现在我认为：书读得越多，越是妨碍到达真理。世间最有效的方法是化繁为简、万法归一的实战体验，而不是纷繁杂乱的知识、理论。世界上的一切语言文字、规则道理，都很难表达出最真实的念头与感觉，都存在着巨大的误解和偏差。**因此，书读得越多，不是获得的智慧越多，而是获得的偏差越多。文字只是符号，对符号了解得越多，越会阻碍我们突破表象，看到本质！**

对于一个习惯了读书——考试——升学这套程序的年轻人而言，

思考重于读书，而行动又重于思考。当你从学生时代走出来，走进了这个纷繁复杂的江湖，对你来讲，有围墙的教育已经过去，无围墙的教育正式到来。生活、社会、世人应该成为你一生研究的课题，而不是书本。

希望大家像我一样警醒吧，扔掉书柜里大部分无用之书，忘掉大脑里一些迂腐过时的理论知识，撸起袖子一头扎进工作和事业当中，不要只动脑，只张嘴，要手+脚+脑+嘴并用，不管三七二十一，先干起来再说，先行动起来再完善。**你的亲自体验大于一切书面结论。**只有身临其境的亲自体验才会给我们留下最深刻的记忆和经验，直接经验大于间接经验，唯有如此你才能最大限度开发出隐藏在体内的潜能，让曾经弱小的自己一步一步蜕变得强大无比！

书生要俗！

书生最值得骄傲的就是——雅，他们最瞧不起的是——俗，但是他们最缺乏的就是——俗，他们最应该恶补的也是——俗。

书生不俗很难成大业。

要想做成一些事情，一些知识分子必须回归人类的基本状态，读书太多就会太超脱，太高雅，太飘，不落地。只有像农民工兄弟一样撸起袖子就干，才能做成一些事情。

我认识一位成功的企业家，现在做投资银行，上世纪80年代的时候就读到了金融学硕士，他也曾经是一个地地道道的知识分子。他告诉我："书生要成事，必须做回俗人，俗一点，再俗一点！"**什么叫俗，就是实际！就是现实！就是说了以后马上做！不要意淫。**

他拿起一张A4的纸继续说，在商业中，书生更要俗一点，俗就是要讨价还价，别人说这张纸一毛钱一张，你就要厚着脸皮说9分行不行？书生也许会说这样砍价岂不是太小气，但是为了控制成本就必须分毫必争。

他和太太早在上世纪九十年代就取得了香港和加拿大的居民资格，但是为了自己热爱的事业回到了国内。早期做培训，他开车带着几个员工去中学门口发传单，学生拿过传单看都不看一眼就扔了，地上白花花落了一地传单，他看着心疼就一张张将传单捡起来，然后亲自发。一开始他还怕熟人看到他，很不好意思，因为他在当地很有名气，还给省长做过秘书，但是为了把自己的学校做起来，他丢下所有的面子去发传单。他每发完一次单页就觉得自己的灵魂得到了升华，因为他又战胜了自己。他说："俗，就是要亲自发传单，就是提着浆糊桶自己一张一张贴海报，为了把企业做起来，什么招实用就使用什么招，顾不得面子。"

从这位企业家身上，我学到了一个字——**俗**，非常受用。

读万卷书为什么不如行万里路？

我有一个同事做英语教师，同时还在旅游公司里做国际导游。有一次，他接了一个环游世界60个国家的旅游团。我们听说后都嫉妒地调侃他："eat good， play good， see good， 这一趟回来以后，你的人生已经了无遗憾，可以安心地离开这个世界了！"周游世界是每一个人都想做的事情，如果一个人周游了全世界再回来，真的可以死而无憾了。

很多年轻人用名牌装点自己，在我看来，这就是一种价值观的畸形，绝对要不得！

一部名贵手机，可以去云南玩一圈；

一个爱马仕，欧美旅游一遍也回来了；

全世界你都玩遍，可能还没花一辆跑车的钱。

那时候，你的世界观已经改变了。**年轻人要学会用经历和体验颠覆自己过时、陈旧的世界观！绝不可用虚荣的小物件消磨自己高贵的斗志！**

生活在于经历，而不在于名牌；富裕在于感悟，而不在于奢华。晚年时可以给子孙讲述我们荡气回肠的奋斗故事，而不是你拥有过的一件件过气的名牌。

我非常认同一句话：读万卷书不如行万里路。今天，让我来告诉大家这句话为什么是正确的。读万卷书，只是动用了你的视觉器官——眼睛，好一点的还会动用你的思考器官——大脑，这种行为只是一种单一的体验，不会太深刻，更不会让你融会贯通；**而行万里路截然不同，你要用眼睛看、用鼻子闻、用耳朵听，用嘴巴说，你还会用双脚行走，用双手劳动。行万里路是一个综合的体验过程，是一种极其有价值的过程，是见识+经历+思考+总结+沉淀的过程。所以，规划什么都不如规划自己的亲身体验和见识。因此，读万卷书不如行万里路。**

因此，我建议，以后要听体验的话，不要听知识的话。

有一天晚上，我在写字台前办公，三岁的小外甥本来在床上玩，后来突然爬过来想摸桌上的台灯，我说：“烫，不能摸。”过了一会儿，小外甥爬过来又要摸灯，我说：“烫，t-a-n-g 烫。”小外甥不理会我，还是过来摸，我对他点了点头，表示允许，他就过来一摸，台灯很烫，他摸了一下灯，手一下子就收回来了，这时候我又趁机说：“这就叫烫！明白了吧？”

单纯的口头教育，小孩子不会懂得什么是“烫”，那就让“痛”这种体验告诉他什么是“烫”。

同样的道理，在商场上普通的老板总是自己冲锋在前，自己大嚷大叫，员工就是不使劲，因为有些员工很容易满足，对现在的生活比较满意，追求安逸，他们暂时还没有体验到更富裕的生活多么好。而有智慧的老板一见到员工就跟他聊房、聊车，带着员工去参加车展。这就会让员工看到自己生活的差距，这种差距就会让他有刺痛感，他自己就会拼命去工作、赚钱，想让自己的父母、老婆孩子过上更好的生活。有智慧的老板就使用了“体验”的力量，你光用嘴巴说员工要努力赚钱是没有什么效果的，带着员工去一趟车展、房展，员工的所有动力都被激发，这就是体验的力量。

所以，获得什么都不如获得体验。**你的人生就是见识、经历、体验的总和。要成为一个响当当的人物，你就必须去见识，去经历，去体验，最后成就大业。**孔子一生周游列国，《论语》就是他体验一生的结果。《道德经》也是老子体验一生以后提炼出来的人生智慧。

目标是通过四个步骤达成的：看到—想到—做到—得到，“看到”是“想到”、“做到”、“得到”的总前提，看到才能想到，想

论语

道德经

到才能做到，做到才能得到，这四个步骤包括了体验的全部过程。

人生的死穴就在于：以家园思想活在全球时代。全球时代，就是流动的概念。学习最好的方式，就是在全球行走，走到哪里就消化哪里的精华，为我所用。精英人物都没有什么家园思想，胸中要有一种“纵横四海、四海为家”的概念，就没有出生地、出差、家乡、老家的概念。中国就是你的家，地球就是生你养你的家园。普通人觉得他从哈尔滨来广州就是出差了，但是我觉得我的家是中国，是地球，走到哪里都是家，所以不需要适应什么气候、适应什么风土人情。**你有界，我无界，所以我不会感到累，此时，我们在境界和格局上就不一样了。**

很多人的护照上都是空白的，从来没有出国去看看。像日本这种版图这么小的国家都能发展成世界第二大强国，一度如此强大，你不得飞过去看看吗？你就必须了解一下这个国家究竟是怎么回事，哪怕偷渡也得去日本看看它究竟是怎么变得强大的。

中国的孩子们只在课堂里读书，不在世界行走，能形成世界观吗？面对枯燥的课本能形成全球观念和领袖思想吗？

人生，是经历的总和。设计什么都不如设计自己的经历，教育孩子，教育什么都不如教育孩子去有计划地经历。还有什么比周游世界更好玩的吗？

经历世间百态，沉淀人生经历，体验大千世界！这是一件比读书重要百倍千倍的事情！

有胆识的读书人才有希望！

十年前，我看央视第2频道的《对话》节目，对一位名叫尹明善的企业家机智风趣的谈吐敬佩不已，我就开始关注他。后来我了解此人确实不同凡响：47岁扔掉“铁饭碗”，挣得第一桶金；55岁转战摩托车行业，超过嘉陵、建设等国内著名品牌，在夹缝中创造“力帆神话”；65岁开始造汽车，抛出“汽车论斤卖”的狂言，此后不到五年资产过百亿；他还是改革开放后民营企业家步入省部级高官行列的第一人。

尹明善　1938年1月生，力帆控股有限公司董事长，重庆市政协副主席、全国政协委员，中国光彩事业促进会副会长。2002年被选为重庆市工商业联合会（总商会）会长。2003年当选为政协重庆市第二届委员会副主席，成为改革开放以来首位进入省级政协领导班子的民营企业家。

尹明善戴着一副黑框眼镜，说话富有逻辑，非常斯文，给你一种文弱书生的感觉，一开始我也以为这是一位儒商，后来对他越了解，发现他身上知识分子的气质越少，我在他身上发现最多的是另外一种截然相反的性格——敢想敢做，胆子超级大！

当年，年过半百的尹明善毅然放弃已经摸爬滚打多年的图书市场，进入自己完全不了解的摩托车制造行业，这就是一种“不知好歹、不顾死活”的大冒险。普通人的想法是，改行做一个新的项目风险太大，不如继续经营自己熟悉的图书事业，把它做大做强。而尹明善的想法截然不同，**他认为自己47岁下海创业，白手起家，一直做到资产过百亿，最大的成功秘诀就是“勇气”二字！**

中国文化当中以“守”为主，老祖宗教导我们“知足常乐”，“退一步海阔天空”。我觉得，这些话都是针对普通老百姓说的，但是**对于想成为精英、英雄、企业家、成功者的各位读者来讲，这些话不仅错误，而且是一种罪恶，这样的思想会毁掉本来可以成就一番霸业的枭雄们**。现在的中国是一片创业的热土，在这种环境下不要后退，不要保守，不要停止，要前进，要勇猛，要行动！**普通人只知道“退一步海阔天空”，但是他们不知道“勇进一步，波澜壮阔，改天换地，天更宽”**！这就是为什么像尹明善这样的企业家取得了初步成功后还不罢休，还要取得更大、更令人乍舌的成就！勇敢，跟民族无关，跟年龄无关，跟性别无关，跟教育程度也无关！在我看来，受教育程度越高的人越懂得做事要勇敢，但是他们也最缺乏勇敢！就像我在《凶猛成长》一书中提到的**“古今中外，所有男人的不幸，男人所有的不幸，就在于四个字——不够勇敢”。如果一个男人在做事时，心中总是有恐慌，此生尽毁！**

在我看来，无畏的前提是无知，即：不知道其中的艰难险阻，一往无前，所谓“无知者无畏”确实有一定道理。德国的数学王子高斯只用了一整夜的时间就解开了千年的数学难题，为什么？无知！他不知道这是一道千古难题。高斯以为那道难题是数学老师布置给他的普通作业，就做了起来。往常他用三个小时就可以做完当天的作业，可是这道题太难了，他又不愿意后退，结果到天亮，熬了一整夜，把这

高斯（1777.4.30－1855.2.23）生于不伦瑞克，卒于哥廷根，德国数学家、物理学家和天文学家，大地测量学家。近代数学奠基者之一，在历史上影响之大，可以和阿基米德、牛顿、欧拉并列，有“数学王子”之称。

个题解了出来。假设高斯知道这是一道千年难题，他可能就会在努力3小时候后放弃，正是因为他不知道这道题有多难，才勇敢地往前走。

尹明善说过一句话：**对于已经创业成功的人来说，智慧是第一位，勇猛是第二位；而对于没有创过业的人来说，胆识是第一位，见识是第二位。**

大家知道吗？每两年就有10多万大学生留在北京，但是统计数字显示其中只有150人创业，创业人数只占总毕业人数的千分之一，这很不健康，很不卫生！我看到那么多大学毕业生排着长队去考公务员，在人山人海的招聘大厅使出吃奶的力气挤来挤去找工作，这很不健康，很不卫生！**当前大学生最大的问题就是就业问题，就业最好的途径不一定是找工作，别人不给你提供工作，你就创业，给别人提供工作！**大学生中理想的自主创业的数字应该是20%左右，就业率应该在80%左右。为什么现实中那么少的人创业？大学生最最缺乏的不是知识，不是学问，而是胆量和勇气！大学中学到的基础知识足够用了，但是创业所需要的经验和能力需要在实战中获得。**其实，大家不用怕，成功者从来都是在创业中学习创业，在战争中学习战争！**

勇当"出头鸟"，能当"九头鸟"！

中国有些古训"枪打出头鸟"、"人怕出名猪怕壮"、"树大招风"，这些说法对不敢惹是生非的老百姓也许是对的，他们就想平平淡淡过日子，唯唯诺诺，苟苟且且，可以理解。对于想成就一番大业的枭雄们来讲，这些古训就是扯淡！

现在的日本人也崇尚一种理念——**"流着汗造出来的产品就得流着汗推销出去"**。这是一种非常形象的说法，现在的年轻人就应该对世界大声喊出自己的梦想，为了实现梦想而奋斗不止！年轻的朋友们，你们决不能养成谨小慎微的性格，而应该敢想敢做，敢冲敢拼。以前我们总认为"谦虚谨慎是一种美德"，现在情况完全不同了，在我看来，**爱表现的人七成真有能耐，而谦虚谨慎的人七成是为了用谦虚谨慎来掩盖自己的无能。**

在公司里总是有人冲锋陷阵，也有人过于谦让，把机会让给别人。我认识的所有老板都有一个共识：**过于谦让、老实的人不可重用**！有一句话叫做“枪打出头鸟”，在企业中老板们最喜欢的恰恰是“出头鸟”，我也认为：**鸟儿来到这个世界上，应该出头才活得精彩，鸟儿的生命不应该在担惊受怕躲枪子的时光里度过**。大家不要怕能力不够，才干永远都是通过学习和培养产生的，如果一个人什么都没有，就是有胆量，浑身是胆，太好了！这个人就是企业中的中流砥柱，即使他的能力差一点也没有关系，只要他不怕失败，勇于实践、学习、改善、成长，他就可以在今后的实战和反思中成才。玉不琢不成器，一个有胆识的人，好好雕琢，多半都能成器，而且有可能成大器！

另外，在职场中，有胆量的表现就是“敢管理老板”“会管理老板”，你没有看错，就是要敢于主动与老板、上级、领导走近一些，多与他们沟通，多争取一些表现自己的机会，这样才能使自己的才能得到发挥，才能实现自己的个人价值。刚才我提到的企业家尹明善说过：**“我最喜欢的就是善于表现自己的人，我喜欢‘出头鸟’**。当今的世界竞争非常强烈，我不喜欢谦虚谨慎的人。根据我多年用人的研究，**那种爱表现的人70%都是有本事的人。**”尹明善本人55岁创业，就敢叫板当时的摩托车龙头企业嘉陵厂。他在参加全国政协会议时，敢坐在第一排，受到时任国家总理朱镕基的亲切接见。

总而言之，要做“出头鸟”，善于表现自己的才华和能力，团结更多的心腹知己，让更多的人愿意跟随你打天下；同时还要做“九头鸟”，生命力顽强，打不死，总是能够一次次浴火重生。可以做“出头鸟”和“九头鸟”的人，就是当今时代的枭雄、英雄、牛人，等待你的将是从成功再到成功的辉煌之路！

冲动是天使

有一句话大家非常熟悉，叫做“冲动是魔鬼”，这句话建议大家尽量不要生气发火，尽量克制自己火爆的脾气，不要做出格的事情。但是，当你全力以赴去成就事业的时候，这句话就不适合了，应该改成“冲动是天使”！尤其是对于读书过多的知识分子而言，更是如此。**知识分子们拥有最多的是理性，最缺乏的是血性！**对知识分子最多的评价就是温文尔雅，成熟稳重，他们常年读书养成了三思而后行的习惯，凡事总要想明白才行动，有时候过多的思考就压抑了瞬间的激情，结果事情反而没有做成！

在我看来，知识分子们除了拥有丰富的知识和缜密的思维之外，还要拥有“风风火火闯九州”的好汉性格，加上想做就做、心无挂碍的一流的心理素质，这样的读书人才是这个世界的精英，才是这个社会的中流砥柱！

其实，很多普通人之所以会平庸地度过此生，是因为虽然他们的体内蕴藏着巨大的潜能宝藏，而他们对此却一无所知。就比如一个穷人家中的庭院里埋藏着千万金银财宝，穷人及其家人每天从宝藏上走来走去，却浑然不知，从来没有挖掘那些财宝，一生都过着贫困潦倒的日子。这是多么悲催的境况！

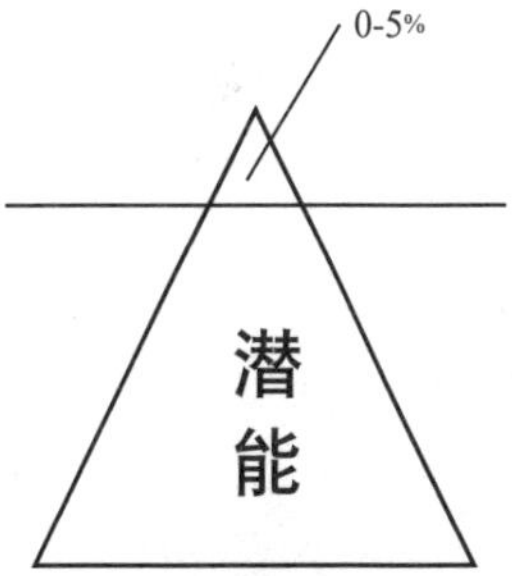

人的一生只使用了不到5%的潜能，其余的都在永久沉睡。

每个人穷其一生所发挥出来的潜能，与他所拥有的总潜能相比，只占到0–5%，还有大量的剩余潜能在那里沉睡，一生都没有被激发出来，这是一种更加悲催的境况！

发挥潜能的导火索就是——冲动。冲动，是蕴藏在你体内的所有激情，关键时刻无法遏制，冲动的导火索一旦被点燃，你体内的潜能火山就会大爆发，你的小宇宙也会大爆炸，那个瞬间，你就会超越前一秒钟那个平凡的自己，做出非凡的事情！而所有这一切，都需要你的冲动，你的激情，你的疯狂，你的歇斯底里！

我对冲动的定义非常简单，只有一句话——**用生命去争取！**

读书人一生谨慎，放不开，他们最需要的也是这种生命的冲动，他们最需要这种遇事不再习惯性谦让而是用生命去争取的精神气质！

有的时候，在决定胜负的一瞬间，一切理论、知识、经验、原则、方法、技术都帮不了你，反而是“路见不平一声吼，说走咱就走”的冲动会帮到你！

伟大的人都是有激情的，伟大的人都是会“英雄一怒为红颜”的，伟大的人都是会在人生的转折点孤注一掷的。读书人，现在，需要你也来修炼这种冲动的生命气质，学会用全部的生命去全力争取！

总而言之，这个世上的书生很难成就大事，如果真想成大事，也可以，务必做到以下五点：

第一、学会一个字“俗”，就是实际！就是现实！不要磨叽，不要拖泥带水，说了以后马上做！

第二、行万里路，增加体验，增长见识。行走是比阅读更高明的学习方法。

第三、增长胆识，所有的事无非是在战争中学习战争，在实践中学习实践，没有什么可怕的。

第四、勇当“出头鸟”，善于表现才华和能力，还要能做“九头鸟”，生命力顽强，怀揣强悍无比的奋斗观！

第五、修炼“冲动是天使”的精神气质，学会必要时用全部的生命去全力争取！

如果各位读书人、知识分子能做到以上五点，中国的古训必将改为：

“宁为一书生，胜作百夫长”；

“秀才造反，三年必成”；

“百战百胜是书生”！

我10000%地相信：

有理想、有血性的书生，终成大业！

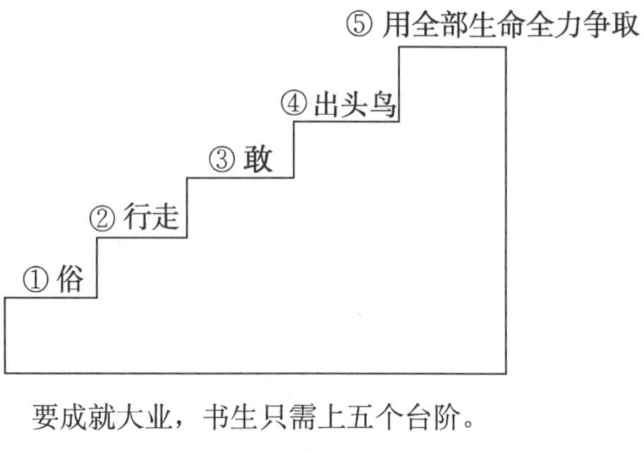

要成就大业，书生只需上五个台阶。

绝学7

成事不需要知识，只需要常识！

用常识与人打交道

你会用常识沟通吗？

我的助理告诉我这样一件事：

有一天，她去一个机关单位办理户籍更改，遇到几个办事员坐在那里闲聊，对所有来办事的人都是一视同仁——“脸臭得要死”（助理的原话）。这几个人边工作边聊天，他们兴致勃勃地聊发了几斤大米、几箱苹果、上映的新电影，一时间我的助理也插不上嘴，没法提要办的正事。突然她想到我在公司里开会时经常教育她们“要用常识做事”，沟通的常识是“投其所好”。她就抓住“发福利”这个话题开聊，聊到“孩子教育”（我的助理没有孩子居然能聊这个话题，敬佩她！），聊到“房地产改革”，一直聊到婚恋节目“非诚勿扰”和娱乐节目“康熙来了”。聊着聊着，办事员的脸一点都不臭了，最后笑着对她说：“一切都搞定了！”还对助理说：“今天给你办好了，你就可以少跑两趟！”她那天特别有成就感了，一天笑呵呵的！

这就是化腐朽为神奇的沟通能力！背后的秘诀是什么呢？**五个字——用常识办事！**（助理遵循“投其所好”原则，用对方关心的话题切入，持续不断地聊对方最感兴趣的话题，结果让对方觉得她是与自己兴趣爱好一致的人，一切都顺利展开。）

把“投其所好”这条常识说得再高深一些，就是做到**“无我”，即不要过于关注“自我”，而是随时随地进入他人的通道，与之保持同频，与之融为一体。**

“投其所好”原则不但可以用在一对一沟通上，还可以用在一对多的演讲上。多年前，我去一所大学讲考研英语招生讲座。这个时间点离考研时间还有不到一个月的时间，我讲的内容是我连续N年押中考研作文题目，然后非常详细地讲解押题的思路和解题规律。学生听得非常入迷，在马上考试的时候，他们最关心的就是提分，而提分最重要的莫过于押中原题。因此，讲座之后立刻有80多名学生报课程，这一个数字打破了现场招生的纪录。

很多人想破脑袋也不理解我的讲座为什么招生效果如此之好，其实一句话就可以点破：我使用了“投其所好”原则。这个原则教给我们：只要你在沟通时，抓住对方当下最关心的核心点，然后在那个核心点上拼命塑造价值，对方就会被你所引导，并按照你的意愿去行动。

用“投其所好”原则去沟通，大家记住这个简单的常识了吗？

健康常识：与大自然同频

常识如此重要，那么怎样按照常识行动呢？

答案是：凡事听从心的指挥，而不是听从脑和眼睛的支配。

以锻炼身体为例——

有一天早上六点钟，天空飘着零星细雨，昨晚喝了点酒，有些头疼，很难受，是否要坚持锻炼身体呢？如果不去锻炼，我可以找出1000000条理由，但是想到去锻炼只有一条理由，就是先把自己从被窝里揪出来。“起床，不愿做奴隶的人们！”我一边唱自编的歌曲，一边强迫自己起床了。

与日月星辰同频

太阳、月亮、地球以及宇宙中的所有星体，哪一个是走走停停的？风持续吹，云持续动，日月星辰持续运行，才有了昼夜与四季交替，造就了万物生长。只有持续才有结果，坚持只是持续的开始。

我一个鲤鱼打挺起床，跑到湖边，已经有人在锻炼身体了。我又一次战胜了自己。不给自己找理由找借口，决不能让脑支配行为意识，要用心支配自己。往往心里想得好，一到行动的时候，脑就当家。心被脑绑架了。所有的问题，都是脑与心的对抗！

如：心说不穿高跟鞋舒服，脑说穿高跟鞋好看；心说明天早晨起来锻炼，第二天早晨脑说不早起了，后天再锻炼吧；心说晚餐不吃太饱，七分饱即可，看着丰盛的饕餮晚宴，脑说先吃了再说，明天再减肥；就这样，你的身心被脑支配来支配去。七点四十回到家，雨又下大了。在持续的路上，我又前进了一步。

所以，像宇宙星体一样持续锻炼，就是保持健康的秘诀。不要中断，自然持续，就会拥有了强壮、强健、强大的体魄！

“童话大王”郑渊洁用常识成功

身体会获得健康，事业也会获得成功，只要你认认真真遵循了“持续”的常识。

今年春天，“童话大王”郑渊洁在新华书店签售，我就在旁边暗暗观察，从他身上借鉴成功的方法。突然听到广播里说：“请各位读者自觉到三楼排队！”我非常诧异：郑渊洁明明在一楼大厅签售，为什么要让读者去三楼排队呢？我去三楼一看，才知道领着孩子来要签名的家长太多了，只能从三楼开始排队，排到二楼，再排到一楼。看着三楼排队的家长和孩子，我想到了一部电影《血战台儿庄》，签售现场的人可以用一句中式英文来表示：People mountain， people sea（人山人海），可见郑渊洁在读者中影响力之巨大。

走出新华书店，我查阅了关于作者郑渊洁的信息，寻找他造成这种轰动效果的奥秘所在：

郑渊洁签售会现场

第一、有“童话大王”之称；（只是成功的结果，不是成功的原因）

第二、作家，慈善家，演讲家；（只是获得成功后的荣誉，不是成功的原因）

第三、2009年，以2000万的版税收入，荣登“第四届中国作家富豪榜”首富宝座；（只是财富收入，

不是成功的原因）

第四、2011年，以1200万的版税收入，荣登“2011第六届中国作家富豪榜”第3位。（只是财富收入，不是成功的原因）

第五、1977年开始文学创作（写了34年，开始得足够早，坚持得足够久。这是原因之一）

第六、一个人写一本期刊（《童话大王》半月刊）26年，世界纪录保持者，作品已售出1亿5千万册，影响了中国两代人。（持续！持续！还是持续！这是郑渊洁成功的真正核心！）

第五、六条就是郑渊洁成功的核心秘密，像春夏秋冬一样持续交替，像日月星辰一样持续运行！持续，就是郑渊洁成功的终极秘诀。我认识一位前辈，年轻时才华横溢，也是在1977年开始写作，在报纸上发表一些作品，但是没有继续写，中途放弃了，也就没有像郑渊洁一样成功。**我认为：所有的失败都是因为停止而失败，所有的成功都是因为持续而成功。**其实，每个人都知道持续的力量，这是一个众所周知的常识，只要你做到这一点，一次次成功就会接踵而来。

一切错误，都是常识的错误

在经营企业的过程中，每天都可以碰到员工犯五花八门的错误，造成各种各样的损失，有些错误令人啼笑皆非，包括我自己也作出过犯了低级错误的决策。但是，后来，我有了一个惊人的发现，这些错误的原因只有一个，即**我们在想问题、做决策、行动的时候，没有按照常识去做。归根结底，一切错误，都是常识的错误。**

从此以后，每当员工做错了事情，我也不会再发火，只是平淡地告诉他：这件事情错了，只是因为你没有按照常识做！下次按照常识做就好了。”我在给主管、经理们开会的时候，强调的的第一项内容就是——常识提醒。（常识不是知识，不需要长期学习，只需要提醒即可。）

我可以这样断言：**任何一个按照常识经营的公司必定是一家成功的企业，任何一位按照常识经营公司的总裁必定是一位成熟的企业家。**

沃尔玛为什么做得好？满足了商品“物美价廉”的要求。这是普通老百姓对于商品的基本要求，这是连孩子都知道的常识。大家看看沃尔玛超市装商品的塑料袋，上面印着“天天平价”。

有一家培训公司的课程人满为患，要提前报名预订座位，因为这家公司的培训师每句话都直指人心，不但教给人们怎样成功，还教给人们怎样健康，怎样富有，怎样幸福。除此之外，还教给女性怎样获得财富、美貌和智慧，教给家长怎样让孩子勇敢、正直、快乐，这正是每一个人都渴望得到的。其他培训公司都是为了上课而上课，而这家公司是为了满足人们“获得幸福”这样的常识而设置课程，岂有不成之理？

海底捞火锅为什么这么火？因为这家公司明白一个常识，即“农村孩子在城市中生存需要尊严”，在北京的海底捞，员工们住在公司给他们统一安排的公寓里，有24小时热水，有电视看，有厨房，还有家政人员给他们打扫卫生、做饭。请问这些待遇其他餐饮公司的老板想不到吗？绝对可以想到，海底捞做到的仅仅是常识而已！

海底捞火锅

现在，众所周知，中国的孩子被各种各样的考试蹂躏了心灵和大脑，如果哪家学校可以教给孩子团队意识、坚定的信念、坚强的意志、博爱的心灵和宽容的胸怀，这家学校一定会被家长们带着孩子哭着喊着去排队报名。很简单，这样的学校提供了基于人性光辉的教育，这是常识，但也是人们缺失很久的常识。

一位农村姑娘的销售常识

有一次，我去朋友的公司谈事情，路过一条小巷。在经过一个小报亭时，被报亭的主人——一个不起眼的农村小姑娘叫住，然后就稀里糊涂地“被购买”了两份杂志，花了三十多元。钱虽然不多，但是我本来是去办事情，怎么就买了杂志呢？今天从早晨起床到晚上睡觉我脑中想过了几百件事情，唯独没有买杂志这件事，怎么就买了呢？原因就在于这位小姑娘神奇的销售能力。

虽然神奇，但并不神秘，这位小姑娘只是利用常识在经营她的小报亭。她向我推销杂志的每一个步骤都堪称完美，只不过充分利用了销售常识：

首先，我观察过她的报摊，确实与众不同，做到了——**品种齐全**，选择性强。报亭内外密密麻麻挂着各种各样的报纸杂志，报亭外的左边、右边、前边各放着一个铁质书架，花花绿绿摆满了杂志、畅销书，颇为壮观，品种的丰富程度不亚于一个书店。这就传递给消费者一种感觉，这个报亭的生意不错，人气很旺，从这里买书报杂志不会上当，这是正面的报亭形象。

其次，**在拉近与顾客的关系方面**，这个农村姑娘胜过学营销多年的大学生甚至研究生。我路过时只是看了报亭一眼，她立刻把我叫住，而且哥哥长哥哥短的叫个不停，作为我这样一个独生子来讲，平时很少被人叫哥哥，她一声一声叫得那么亲，听得确实很舒坦。而且她不但这样叫我，对其他顾客也这么叫。我在翻看杂志的时候，报摊还来了一个时尚美女，她张口就是“姐姐，姐姐”的叫，从年龄上看这位农村姑娘比那个美女还大，她居然尊称她的顾客为姐姐，确实动过一番心思。一会又来了一个骑山地车的中学生来买篮球杂志，她又“弟弟、弟弟”地称呼人家。

然后，她在产品丰富性和产品知识方面做足了文章。我刚刚被叫住，她就从报亭里扔出来十几种刚到的杂志，一一给我做详细的介绍，看她起劲介绍的样子，我感觉自己如果不买她的杂志就对不起她，我就成了一个铁石心肠的罪人。

在最后的成交环节，她依然“**非常懂事**”，每一本杂志给我优惠了一元钱。大家千万不要小看这一元钱，这个举动给我留下非常好的印象。因为有一本杂志我买了十年，所有的报亭包括邮局从来都是原价，从来没有给我优惠过，今天居然破天荒地被她优惠了一元钱，着实非常开心。其实每一位消费者都是喜欢沾小便宜的，确实如此。小姑娘告诉我，别的报亭不打折的报纸、杂志在她这里都便宜一元钱或者几毛钱，很多老客户都舍近求远来她这里购买。

分析完以后，我发现小姑娘的销售手法都是那样简单、质朴，就是这样的销售手法于无形中为她赚取利润。其实这些手法都符合了人性常识，没有任何的高深难懂之处：

主动营销，绝不等待；

“用亲切的称呼表现亲近的关系”（情感营销）；

“每个人都喜欢便宜的商品”（折扣营销）；

重视老客户，让他们一次又一次购买（客户维护）。

看完我的详细分析，各位读者也没有看出这个报亭姑娘有任何独到、独创、新颖的商业手段，只是每一个销售环节都符合了人性常识，最后的成交就水到渠成了。一位农村小姑娘可以用最普通的人性常识销售商品，赚取财富，在一座大都市里生存下来，我们这些受过长期学校教育的人怎能落后于她呢？

看完农村小姑娘的销售案例，请大家再来鉴赏一条我独创的“商业秘密”。

我曾经反复思考：商业究竟是什么？

后来经过无数次的冥思苦想，我总结出一句话，这句话绝对是原创，我敢保证任何前人、今人都没有公开表述过这个秘密。

我认为“商业本质”就是：一切商业和利润来自于不平衡。

近代中国的晋商在福建买下茶山，种茶，做成砖茶，经过五千多公里运到俄罗斯贩卖，就是利用地区之间的经济发展不平衡。我们中国人是生产茶的，而其他国家和地区是不生产茶的。茶的生意和利润就来源于这种“有”和“无”的高度不平衡。

再例如，百度总裁李彦宏和搜狐总裁张朝阳利用美国和中国之间互联网发展的不平衡而创业成功。当年他们从美国留学回来，美国的互联网已经高速发展，而中国的互联网刚刚起步，他们就利用这种互联网发展的不平衡创业，成为中国IT行业的翘楚。

一位作家写书，读者买来看，是因为二者之间思想、知识的不平衡；一个培训机构把老师组织成课程，销售给没有相关知识的学生，也是利用老师和学生之间知识和经验的不平衡；房地产商怎么挣钱？他们自己拥有土地和关系资源，而老百姓没有土地和房子，这种巨大的不平衡就是房地产商赢利的起源。

我觉得：从事商业，就是发现不平衡，制造不平衡，这种不平衡越大赢利越大。这也是指导商人们的一条重要常识。

只用一条常识经营公司

我在24岁的时候定下此生的三大工作目标：写作、演讲、企业经营。怎样才能在三方面都取得非凡的成就呢？这个问题也一直困扰着年轻的我。后来发生了一件事，让我对这个关于“工作”的终极思考有了全新的领悟。

26岁时，我的直接上级突然离职，我临危受命，接管了一个有1000万预算的项目。当时的我太年轻了，没有任何的经营管理经验，真的不知道如何下手。同时我又是学语言出身（学语言只需要死板地背诵，不需要动脑子），遇到问题总是不会灵活处理，更不知道怎样做到人情练达。但是，既然做了经营者，既然接管了这个项目，就要将它运转下去，而且必须对接踵而来的海量问题进行正确的判断和近乎完满的处理。

虽然现在看来这个项目不算大，但是对于当时的我还是觉得千钧重担压在身上。

“这个月的业绩怎么完成？”

“那个员工的积极性怎么调动起来？”

“一个悍妇在前台无礼投诉，怎样应对？”

……

我终于明白了一句话：**选择做经营者，就是选择了整日与问题为伴。企业经营者，就是为问题而生。想办法是我们的工作常态。**不管你会不会解决，能不能解决，有没有时间解决，只有一个选择可以做，就是必须面对，必须解决。解决后还必须立刻见效，让员工、顾客、董事、股东全部满意。

下属提出的问题，你必须答复，我终于体会到了作为经营者的孤独，问题从基层逐级提到你这里，你必须给予最佳的回复，所有的后果要由你一个人来负责。

解决问题的前提是判断，判断出一个方向，才能想出对应的办法。

在项目运营中，只要你的判断出现一次失误，整个公司就可能受到严重的影响，甚至可能从此一蹶不振。有一段时间，每天睡前我都在想如何处理公司中的问题，如何大幅度提升业绩，想到好的点子我就用iTouch记录下来，第二天给员工部署，现在这个iTouch已经不用了，有一次我无意间打开里面的“记事本”功能，里面密密麻麻记录的全是当时我的工作思路，有几百条之多。本来我是一个沾枕头就可以呼呼大睡的人，但是因为睡前总是思考问题，有时候想得兴奋异常，就忍不住深夜给员工打电话分享，结果搞得自己常常夜不能寐，甚至睡梦中呈现的都是我赤膊上阵工作的场景。

正是这种勤奋和梦萦魂牵，我从复杂的问题中提炼出一条解决问题的主线——**我这样处理是否对顾客好，是否对员工好，是否对股东和董事们好。**

对人好就是正确，否则就是错误。

总之一句话，我对工作的基本判断是——是否对人类好！

这一条原则被我概括为**“利他哲学”**，是我经营公司、处理事务的原始判断和基本原则。

“正or邪”、“善or恶”这是一个最原始的道德判断。从中引申出来的正义、公平、公正、勤奋、正直、博爱，这些都是我们的父母、老师教导我们的最朴实的伦理观，是我们做人的基本常识。

把做人常识、基本伦理、人类道德作为判断事务的标准，这对每一个人来说（即使你没有任何经营经验）也是可以理解，可以掌握，可以操作的。于是，我就以**“是否对人类好”**作为判断基准，来处理公司运营过程中的各种问题。现在回忆起来，我有深刻的感受，正是依靠这样一种最基本的伦理和道德常识来进行经营，项目和公司才获得了较大的成功。

为什么用普普通通、简简单单的“对人好”的常识（利他哲学）就可以经营公司，甚至可以解决任何问题呢？

因为这种经营思想没有沾染经营者的私利私欲，可以获取员工发自内心的理解和共鸣，可以获取顾客由衷的赞赏和口碑传播。创业之初，公司可以很小，我们甚至不知道将来会怎样，但是员工明白公司为“提供使人幸福的产品”而存在和发展，知道公司老板以“使天下人幸福”为己任，这样的公司和经营者值得他们追随，值得他们拼命打拼。

公司发展壮大以后，这个“对人好”的经营常识是否奏效呢？

依然奏效！

无论是进军全国，还是涉足其他行业，甚至收购企业，我们可以在公司内部树立一种普遍正确的经营哲学，员工们都在各自的岗位上实践这种哲学。

很多人评论我们成功是因为我们的产品足够好，有先进的管理经营理念，有前沿的技术支持，我认为决非如此。我在教育员工时说：**“大家生产出来的产品敢不敢给自己的孩子用？敢不敢给妻子丈夫用？如果敢用，这就是我们用良心和爱心生产出来的。这才是对人好的产品。”**

有一次，有一个员工在没有告知我的情况下私自做主为顾客提供了额外的免费服务，后来我知道了非但没有批评他反而在大会上表扬了他，这就是我们做事的标准，只要是对别人好，不需要我的许可，员工自己可以放手去做。

我们不是只想着“是否对自己公司好”，“是否对公司经营者个人好”，而是**“是否对人好”**这个普世价值观。全体员工对这个价值观普遍认同，全员参与，全员表率，全员传播。这就是我们成功的原因。

终极常识——内心的强大，才是真正的强大！

我再问大家一个问题：对一个人来讲，什么样的强大，才是真正的强大？

你可以会说，真正的强大是武力的强大，财富的强大，气势的强大，家族的强大，背景的强大，关系网的强大……这些确实都很厉害，但是在我眼里，这些统统都不是终极的强大。**一个人心灵的强大，一群人心灵的强大，才是真正的强大，才是人类终极的伟大力量。**

我曾经非常奇怪，历史上的很多牛人、猛人、强人都有做乞丐讨饭的悲惨经历。

明朝开国皇帝朱元璋眼睁睁看着自己的亲人饿死无能为力，去做和尚还是吃不饱饭，最后不得不一声怒吼，揭竿而起反抗元朝的暴政；

清朝有一位乞丐名叫“武训”，一无钱，二无靠山，三无学校教育，却下跪行乞三十余年，为贫穷子弟办学，被后世尊称为“义丐”；

电视剧《大染坊》的主人公陈寿亭是一个孤儿，年幼时无依无靠，曾经在大雪纷飞的冬天与狗抢夺一块烧饼，后来经过不懈的打拼和独到的经营，成为上世纪二三十年代中国印染业的经营奇才。

为什么这三个乞丐都可以成就一番惊天伟业？

有一天我顿悟了，乞丐成为牛人也是符合了一个常识规律：**一个人只有失去一切，才能明白自己究竟有多大的潜能和力量。就像传说中的凤凰一样，投入火中历经苦难，经过千锤百炼，才能浴火重生，成为光芒万丈的神鸟。同样，痛苦，可以让一个人从脆弱到坚强。**

当一个人做过乞丐，挨过饿受过冻，被人欺负侮辱过，他就有了一个最重要的收获：由一个自由人成为了可以坚强面对一切的战士，一个武装到心灵的战士。

长期的困难生活最能磨练一个人的意志，有的人遇到困难从此消沉，一蹶不振，而有的人虽然暂时低头，但他们的心从未屈服，他们的奋斗神经在无数的磨砺当中生长得日益粗壮，并且他们一直坚信着最后的胜利和光荣。

当一个人的世界被黑暗笼罩的时候，伟大的救世弥勒一定会降临，但是这个代表你人生希望的神，不是别人，而恰恰是你自己。

奋斗中，外在所有的条件都不是最重要的决定因素，哪怕你拥有整个世界都不重要，只有内心的强大，才能支撑得起一个完整的灵魂，只有内心和灵魂的双重强大才足以让你去开创霸业，这种力量才是可怕的，可以助你一统江山！

光阴如水，岁月如梭，我们的形象、思维、态度无时无刻不在改变，但是只有历经磨难依然笑傲人生的信念，才是值得我们骄傲的伟大转变。**很多人穷其一生也无法完成，转变的关键在于心。**

对我们很多人来说：心是最柔弱的地方，它特别容易被伤害，爱情的背叛，亲情的失去，友情的丢失，都将是重重的一击。然而对于

武训（1838－1896年）行七，字蒙正，谥号义学正。山东省堂邑县（今冠县柳林镇）武庄人。中国近代群众办学的先驱者，享誉中外的贫民教育家、慈善家。原无名，名“训”是清廷嘉奖他行乞兴学时所赐。

一个曾经失去过一切的人，就没有什么不可以承受的。我们有理由相信：**如果你把这个最脆弱的地方变成了最强大的力量来源，你将可以化解任何对抗，你的锐气将会锋利无比，你的人生将会锐不可当！**

是的，即使你拥有人人艳羡的容貌，无人能及的学历，挥霍不尽的家财，都不能证明你的强大，因为心的强大，而且只有心的强大，才是真正的强大。人生中有很多我们可以参考的常识，这一条是我最想告诉大家的，与大家在奋斗之路上共勉。

总结——

最后，我告诉大家一条常识：**成功是一个过程，并不是一个结果。**也就是说你看到一个人成功了，他一定不是在被你看到的那一刻成功的，在你看到他之前他已经一贯地、持续地做着成功常识了，假以时日，成功的结果才浮现出来。而且，成功，像汽车上的零部件一样，需要你进行日常维护，一天不维护，没有按照成功法则做事，原来的成果就会打折扣甚至消失。下面的20条成功法则，需要你长年累月地践行才会有效果，一天都不可停止。**记住：成功，需要你每天维护，它是一个长期持续的过程，不是一个瞬间的结果。**

我自己遵循的20条常识——

1. 父母、老婆和孩子不是用来“哄”的，而是用来“陪”的。

2. 越是贫困的员工，越要让他“有尊严地生活”。

3. 公司提供的产品一定要“物美价廉”。

4. 成长必然出丑，出丑才能成长。

5. 与人沟通，要进入他的通道，做到“投其所好”。

6. 每一个人都是“趋乐避苦”的。

7. 领导力就是：成为你上级的心腹知己并拥有自己的心腹知己。

8. 保持身体健康，要保持“与大自然同频”。

9. 古今中外，所有男人的不幸，男人的所有不幸，在于——不够勇敢。

古今中外，所有女人的不幸，女人的所有不幸，在于——嫁给了一个不够勇敢的男人。

10. 现在与未来，谁的心静，谁就赢。

11. 男人最需要成就感，女人最需要安全感，也有个别男人需要安全感。

12. 政治，就是让支持我们的人越多越好，让反对我们的人越少越好。

军事，就是打得赢就打，打不赢就跑。

13. 志不达者智不达。

（志向不够大，智慧就不够多。说得再白一些，能管几十个人就是连长的智慧，能管几万人就有了军长甚至司令员的智慧。）

14. 世界上只有两种人：有的人吃软怕硬，有的人吃硬怕软。要因地制宜、因时制宜地提供“软”和“硬”。

15. 没有清晰目标的人永远为有清晰目标的人打工。

16. 人不是因为知道而改变，而是因为触动而改变。

17. 成功守则中最伟大的一条定律：待人如已。

（凡事为他人着想，站在他人的立场上思考。）

18. 谁主动，谁就是领导者。主动和被动差50倍！

19. 谁更坚定，谁就可以领导他人。

20. 你对多少人负责，你的团队就有多少人。

使用常识的五个步骤

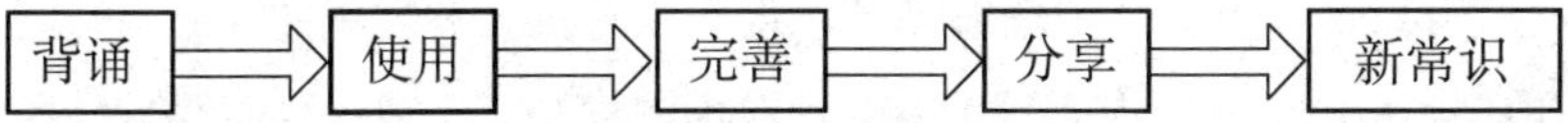

绝学 8

跟我走吧，闯荡天下！

我认识一位企业家，去年他遇到了一件颇为头疼的事情。女儿马上就要报考大学了，让他这个作父亲的最为苦恼的是，女儿只愿意在本地上大学，说回家方便，哪里都不去。而这位企业家想让女儿出去见见世面。我对他说："我支持你的想法，女儿之所以觉得这座城市好，因为她没有去过更好的城市，你带她去趟上海，看看世博会，回来这个问题说不定就解决了。"

于是，他和妻子带着女儿去上海世博会参观了一周。回来后，女儿一个劲夸赞繁华热闹的大上海，并说自己哪里也不去，只考上海的大学！

这个孩子的问题用两个字就可以概括：**见识**！

见识的问题，可以用两个字解决：**闯荡**！

闯荡让你扩大见识，大见识让你拥有大格局。只有胆量在一个地区闯荡，你只能做一只井底之蛙；在全国闯荡，会具备纵横捭阖的实力和眼界；如果你去全世界闯荡，就会拥有全天下的抱负和格局，高人一等，前途无量。

要闯荡，就去闯荡吧！

身处这个时代，理想很丰满，现实很骨感！在理想的天花板与现实的地板之间，你我都要身不由己地玩蹦极！有人说：这是最好的时代！——每个人都有出人头地的机会。也有人说：这是最烂的时代！人心汹汹，物欲横流。信仰的天空被现实捅成马蜂窝。但是，**现实再**

糟，与你的理想只有一步之遥。相信我，没骗你。抱怨无益，为了你梦中的衣锦还乡、父母的自豪、妻儿的骄傲……你必须豪情万丈地——出去闯荡！

见识决定视野，视野决定格局，格局决定事业的大小。只要你敢出去闯荡，扩展视野，扩大格局，就可以闯出大事业！

要做行动派，不要做言论派。不要轻信专家的建议，要想得到真知，一定要到处走，到处看，到处听。当今很多关于创业的电视节目中都会安排“专家点评”环节，对于这些人的点评我基本不看。我对所谓的“专家”有一种强烈的排斥。我曾经很想去读MBA，后来我听了一些真正实战出来的企业家讲的创业故事，才知道真正的管理知识要么去听创业者讲，要么自己创业体验，大学课堂中单纯的理论讲授是没有多大益处的。只有在一线拼过刺刀、杀过敌人的战士才能学会打仗，在教室里听课是学不会打仗的。

很多家长逼着孩子读书、读书、读书，考试、考试、考试，这是无知，更是一种戕害！在一个创富经济时代，真正的英雄是创业者，那么如果你期待孩子成为真正的商业精英，无敌的创业英雄，就请不要再逼迫孩子学习那些他们毫无兴趣的学问。**我想告诉大家一个真相：学问和成功基本上没有必然的关系。**如果你没有读过书，但是从小闯荡，你就会知道某些东西的市场行情，可以看到这里有、那里没有的东西，会知道这里的一种做法拿到另外一个地方就会成为新的生意。**这个过程当中，起到关键作用的不是学问，而是见识！**

闯荡多的人，在不断见识人、见识事的过程中练就了一种可怕的能力——洞察力，这种能力才是成才的必备素质。洞察力，可以帮你做出准确的判断，一种东西在较短的时间里被人接受的可能性，或者一个人可不可能成为你的合作伙伴。很多看似复杂的问题，在你这里似乎可以得到快速的解决，你可能不知道这是为什么，但是我想告诉你，常年的闯荡和见识为你的判断积累了底蕴，提供了判断的标准。**貌似你是在一瞬间做出判断，其实你是在用几十年积淀的“总见识”作出精准无误的结论。**

闯荡，会让你变得左右逢源，到处“吃得开”。因为你在浪迹天涯的途中，会遇到形形色色的人、千奇百怪的人，你必须持续不断地对付人、琢磨人、理解人。**慢慢的，你就理解了一种伟大的东西——人性，这个东西是在书本上读不到的，也是在课堂里体会不出来的。**正如有些发明家发明的技术的种类和数量令人叹为观止，其实就是因为他们经常动手实验、试错、摸索、观察，从而拥有了对技术和产品准确的洞察力，从而可以一发不可收拾地发明创造，他们在技术领域中大量的行动和思考造就了这种能力。在某种角度上来讲，这也是一种见识。

这个世界上，大部分人都是普通人甚至庸人。这些人一辈子成就不了什么事业，也不敢冒多大的风险，追求最多的就是舒舒坦坦地过小日子。这样做没错，但是他们总是把这种不思进取的观念灌输给孩子，这就不好了，很不卫生！闯荡，是一种毫不相同的思路，就是在大量的行动中寻找自己的机会，琢磨自己赖以生存、发展、成就人生的方法论。人生没有老师，没有人可以教你获得一个百分百稳赚不赔的人生。**只有闯荡可以让你见识更多，从而确定何种人生才是你想要的人生**！不要与只在一个城市生活过的人为伍，他们提的问题都不在状态，更不能让他们狭窄的思维左右你的格局。

100人中；

只有不到20人敢于放下一切去闯荡；

其中，又只有不到10个人可以坚持到底；

最后，只有不到3个人可以把闯荡的经验化为成功的规律，永久地珍藏、灵活地使用；

因此，成功的人总是稀有动物。

很多年轻人都被父母养得没有了骨气，没有了勇气，更没有了创造人生的豪气。很多人像小猫一样没有精神，像绵羊一样温顺，这样很危险。

不是所有的人都想去闯荡，也不是所有的人都不想去闯荡，想去闯荡的无非三类人：

第一种人是一冲动出去了，这种人等到冲动没了，就有可能一动不动了；

第二种人是实在混不下去了，只好远离家乡去闯荡，最后就闯出来了；

第三种人最厉害，他们有自己梦萦魂牵的理想，并敢于把理想在他乡变成现实，这种人很难阻挡。

不管你是什么人，年老还是年少，成功还是失败，斗志昂扬还是消沉彷徨，谁都不知道我们自己到底是谁，我们身在何方，我们将去何处，谁都不知道我们的理想是否切实可行，谁都不知道我们自以为是的机会是真还是假，谁都不知道前方的困难是否大到足以压垮我们。我们不知道，真的不知道。**而外部世界的魅力就在于一个个神秘的未知，在未知中起步，不一定依旧在未知中到达，最起码我们收获了整个绚丽多彩的行走过程。**

闯荡是一个行动场景，只有在闯荡里你才可能知道以上这些问题的答案。

如果你不去闯荡，永远不知道此生究竟会是什么样子，永远不知道你的人生将走向何方，永远不知道你将到达怎样的高度。

我最痛恨被人称作“老实人”，我的家族里谁被称作“老实人”，就代表这个人无能，没有思路，没有胆子，没有折腾的资本。我告诉大家，一个老实人有出息的机会绝对不会太大。而如果你去闯荡了，再坏也坏不到哪里去。**在教育孩子的时候，不要再给他一个安安稳稳的安乐窝，你要给他一个色彩斑斓的大千世界。**

学校给我们知识，闯荡给我们常识。正如我在本书中所说的——“成事不需要知识，只需要常识”。

闯荡的年轻人会收获如下六条常识：

1. 在途中，没有吃不到的食物，就看你是否真的饥饿。也没有捕捉不到的猎物，就看你有没有野心。

2. 行走、问路、求人、寻找、发现、追求、获得，这是你闯荡天下要做的七件事。

3. 你的对手只有你自己，而你的朋友应该是天下人。

4. 如果注定要承受痛苦，那就把它当做是一种磨练。

5. 想得再好都换不来饭吃，有时间空谈不如早早背起行囊，迈出第一步。

6. 在路上，即使你什么都没有了，至少还拥有绝地重生的原始野性。

闯荡，就是重塑“新我”

你不可能带着华衣锦食上路，也不可能背着奢华豪宅行走，没有亲朋好友的鼓励，没有同学师长的安慰，你所拥有的一切附属物，此时都毫无踪迹。

你能带的行李只有两件东西：一、强健的身体；二、回归丛林的野性。除此之外，你一无所有。

你与露宿街头的乞丐没有任何区别，他可能拥有的比你更多，起码他还可以靠在桥洞里蜷缩着取暖，而你除了行走，没有归宿。永不停歇地行走，就是你全部的归宿。

你会说：TMD，太惨了！老子不干了！

不，你要继续走下去。你知道那句俗话：吃得苦中苦，方为人上人。这种苦，是有些惨无人道，但是如果你不体验这种近乎残酷的魔鬼地狱训练，又凭什么要求自己的成就凌驾于别人之上呢？

当你从口袋里掏不出任何值钱的东西时，所有的家当就是你强大的心灵。当你无法用任何工具和熟人去解决眼前的困难时，能够使用的只有你内心的勇气和脑中的智慧。

空手套白狼，这是你在行走每一步时都不得不面对的境况；

睁开眼只能与陌生人交谈，这是你再正常不过的生活状态；

无中生有、白手起家，你一次又一次将自己仅有的技术和智慧发挥到极致；

Start From Nothing，将是你说得频率最高的口头禅。

这就是对你的磨练，对身体的磨练，对心灵的磨练，对大脑的磨练，这种磨练才是全方位的，经过这种磨练考验后的人才能称得上

“真正的行者”。

继续走吧，再漫长的行走总有终点。那个看似遥远的终点，就是你破茧而出的转折点！一旦冲破此点，你将化身为一条再生飞龙，锐不可当！

行万里路的背包客

闯荡后，定下那件大事！

闯荡不是目的，只是手段，尽早定下那件大事才是目的。

在我关注的商业圈里，我发现很多现在事业成功的老大哥在年轻时都经历过一段迷茫消沉的日子。是经历+尝试救了他们。

新东方教育科技集团董事长俞敏洪曾经做过很多生意，最后都赔钱了，从北大出来以后就尝试着做出国考试培训，一开始也是为了养家糊口，没想到做得渐渐有了起色，最终他还把这家培训教育企业带到了美国纽交所上市。所以，尝试过以后，你才真的知道自己能做什么，不能做什么。以前的“以为”只是“以为”，绝不是现实。

马云在演讲时多次提到，他的人生理想是通过互联网这个平台，让天下没有难做的生意，为此他创办了“阿里巴巴”。我想问大家，他原来是一个英语老师，怎么就决定做互联网了呢？源于他去美国为人家做翻译的经历。他在美国看到了互联网，隐隐约约感觉到这个东西将是未来的趋势，就开始投身于其中。试想，如果没有他去美国闯荡的阅历，他怎么会在国人不知道电脑为何物的年代开始做互联网呢？

欧派总裁姚良松更是一个闯荡的典型代表，甚至是一个流浪式闯荡的典型代表。在做“欧派”厨具之前，他在各地流浪，去过了中国大部分的城市，有时候还惨到做乞丐，做皮包公司的骗子。最后被他找到厨具这项终身事业，跟他以前巨丰富的闯荡经历有着必然的关系。

我认识一位老大哥，是一家英语图书公司的老总，事业很成功，现在公司销售的码洋可以达到几十个亿。而且，中国大学里百分之九十的大学生都在读他和他的编辑们写的书。有一次，他说：“一楠，我很羡慕你，你在二十几岁的时候就确定了此生要做的大事。我在你这个年纪的时候非常迷茫，当时我在银行工作，不愁吃不愁穿，但是非常痛苦，因为我真的不知道我能做什么。后来当我发现了写英语书可以赚钱时，我毫不犹豫就成立了自己的工作室。一开始很艰苦，只有我一个人写，后来我找了一个人跟我一起写。图书出版的所有流程包括选题、写作、排版、校稿、销售、汇款、回款都是我自己做的，但是我知道这是我生命中的那件大事，从此我的奋斗过程就非常绽放了！**年轻人早日定下此生的那件大事比什么都重要，比娶媳妇儿都重要！哈哈！**”

莎士比亚说过：人的一生很短，如果你卑微地活着，就很长。天黑请闭眼，听懂这句话的请举手！我觉得老大哥的建议是中肯的，年轻人要早日定下那件“一生的大事”，就是此生你要成就的那件大事，此生你就为那件大事而来！绝不能卑微地活着！

莎士比亚（1564—1616）英国文艺复兴时期伟大的剧作家、诗人，欧洲文艺复兴时期人文主义文学的集大成者。代表作有四大悲剧：《哈姆雷特》、《奥赛罗》、《李尔王》、《麦克白》。著名喜剧：《仲夏夜之梦》、《威尼斯商人》、《第十二夜》、《皆大欢喜》。历史剧：《亨利四世》、《亨利五世》、《查理二世》。正剧、悲喜剧：《罗密欧与朱丽叶》。

但是这个事情操作起来很有难度，怎么才能知道自己喜欢什么，愿意做哪件事一辈子不后悔呢？

我的建议是：唯有见多识广，才能知道那件事。

那么，怎样才能见多识广呢？

回答是：唯有闯荡！

浪迹天涯，见识为大！

我有一位朋友，是女孩子，上大学二年级的时候去英国交流了半年，回来后耽误了报考第二学位的机会，懊悔不已，她周围的亲戚朋友也说错过这次机会实在太可惜了！

我听后说：“未必！”

她惊愕地看着我，我继续说：“中国的本科生大有人在，双学位也不稀罕，而去英国著名大学交流的学生实在是少而又少。从人才稀缺性的角度来看，你去英国是值得的！”

她若有所思地点点头，说：“说下去！”

我继续说：“我说两件事，你来选择，第一件事，在上世纪头号资本主义强国生活180天，每天耳熏目染著名大学百年的文化底蕴，接触到世界领先的科学技术，还领略到各个国家留学生的风土人情；另外一件事，是你在自己熟悉到麻木的大学课堂里听够180天的课程。哪件事会对你的一生产生深远影响呢？”

我喜欢在路上的感觉。演讲到哪里，哪里就会有热心读者要求拿着书合影。

她思考了一会，说："原来我当初做对了，你是唯一一个认可这件事的人。"

在我看来，一个人的成功和成熟度取决于他的见识。而一个见识多的人一定是一个"三多人士"，即他去过足够多的地方，见过足够多的人，经历过足够多的事。这个女孩子离开家乡去异国他乡生活了半年，这对她绝对是有利而无害。记住：**浪迹天涯，见识为大！**

此外，识人是闯荡的另一好处，不管你以后经营企业，经营政党，还是经营家庭，最重要的就是懂人和识人，闯荡就是你一生中最有用的识人课。

再者，经历足够多的事情，会让你快速地成为生活和事业的智者。如果有件事让你痛不欲生、出离愤怒，请记住：不要过分悲伤，静下心来想想你闯荡的经历。你知道，不管什么样的苦难，无论精神上的还是肉体上的，都有无数的人跟你一样无数遍地饱受过。遭遇任何情况、任何境遇，你的感受是——我并不孤独！

另外，在一个经济为王的时代，要想多经历事情，就请选择——创业，这是我所知道的提升最快的闯荡方式。我有一位哥们儿苦于无法做出抉择：究竟是继续在上市公司干三级主管还是自己创业做个"一级"老板？他征求我的意见，我没有替他做出任何选择，只说了一句话：**"给这个世界留下一道痕迹，一道深深的痕迹，让外星人在外太空都可以清晰地看到它。人的一生，绝不能被别人的痕迹所掩盖。"**一个月后，我得知哥们儿去创业了。

人生，是经历的总和。记住：你经历过什么，你就是什么。设计什么都不如设计自己的经历。一个人最大的悲哀，是用过去的家园思想活在当今的全球时代！学习的最好方式就是——行走世界。什么叫做"世界观"？如果不在全世界行走，去观察、去体会、去思考、去询问、去总结，你的观点有什么资格被称作"世界观"呢？英文中有个单词叫做globalization，意思是"全球化"。**在一个文化全球化，经济全球化，军事全球化的时代，你已经无路可逃。**

唯有——出去闯荡！

绝学9

你还没成功，因为你还没被人误解！

“圣雄”甘地　印度民族解放运动的领导人和印度国家大会党领袖。他是现代印度的国父，是印度最伟大的政治领袖，也是现代民族资产阶级政治学说——“甘地主义”的创始人。他的精神思想带领国家迈向独立，脱离英国的殖民统治。他的“非暴力”的哲学思想，影响了全世界的民族主义者。

当年，莱特兄弟发明飞机，异想天开地想让人类像鸟儿一样在天空中自由地翱翔，有没有受到过围观者的挖苦、嘲笑？

当年，英国的矿山技师德里维斯克造出了世界上第一台蒸汽机车，速度极慢，有没有被骑马的牛仔们羞辱？

当年，印度“圣雄”甘地坚持“非暴力不合作”，抵制英国统治和英国商品，有没有受到恐吓、威胁？

这几位老兄在当时被所有的人认为是“怪物”、“异类”、“疯子”，然而，只有他们自己知道自己究竟在干什么，只有他们自己知道自己的梦想究竟是什么。**他们知道：不被嘲笑的梦想，是不值得被实现的！**他们没有因为别人的不理解就放弃了心中的目标，而是在巨大的误解、诽谤与威胁之中继续穿越、迈进、前行，直奔目标。他们身上有一股“虽千万人吾往矣”的精神力量！

由此，我得出一个可怕的结论：你现在还不成功，因为你还没有将一件事做到常人不理解的程度。如果你做的所有事情，普通人都可以看懂、理解，说明你的水平跟普通人没有任何差别。只有你看问题、做事情高出常人一个甚至N个档次，别人就看不懂你了，这时候你做的这件事情才是高水准的，此刻才代表你开始走向成功。

另外，我有一个非同寻常的认识：兵者，诡道也。成功的人，一定是很“诡”的人，一定是最会出“鬼主意”的人，他的各种鬼点子最初是不会被别人理解的。

作为领袖，每一次说出一个决策，最初一定不被下属理解，最重要的是让对手无法理解。如果他说出的每个战略，都可以被下属、对手瞬间理解透彻，这一定说明统帅的智慧与下属、对手在一个层面上，这样的团队一举一动都会被对手预料到，想取得胜利是不可想象的。

总之，不管你是有宏图伟愿还是有万千策略，你的伟大梦想或“阴谋诡计”最初一定不被他人理解，这时候的你是孤独的，但是我要说：**恭喜你！当你不被他人理解的时候，才是你开始迈向成功和梦想的时候！**

我曾经被人“严重”地误解过五次，每一次都成为我在事业上领先别人的标志。所以，现在我把“是否被人误解”当做“我是否超越他人”的标准。**被人误解了，说明事儿要成了；还没有被人误解，说明我还得加大努力的程度。**

第一次，被妈妈误解。

在我步入培训界之初，什么都不会，一无人脉、二无背景、三无技术，整个一“三无人员”。**我唯一拥有的，是对培训、演讲事业那种模模糊糊、懵懵懂懂但彻彻底底的热爱。**在我凭生第一次上300人大课之前，我只有不到一周的备课时间，于是我做了一件自己都觉得疯狂无比的事情：我搜集了市面上所有的关于演讲主题的材料、讲义以及电子文档，把这些内容逐一输入电脑并编辑好，打印出来，一张一张地贴在卧室的墙上。由于贴的纸张过多，卧室中的三面墙无一幸免都被我密密麻麻贴满了讲义，每面墙从上往下贴了整整四行。我站在这三面墙中间，一边看着墙上的讲义，一边嘴里念念有词，讲给自己听。从第一行讲义讲到第四行，从第一面墙讲到第三面墙。就这样讲了三天，有一次妈妈买菜回来看到我自己在家呆呆地看着墙壁，嘴里嘀嘀咕咕不知道在说什么，吓了一跳，她以为自己的宝贝儿子疯了。

在那段疯狂备课的时间里，为了把嘴皮子练利索，我常常是坐着讲，站着讲，躺着讲，跪着讲，吃饭的时候也在想怎样讲，上厕所的时间也在想怎么讲，睡觉的时候做梦都是演讲，梦话都是演讲。有一次，坐公交车，我不自觉地讲出声来。公交车上所有的人都用怜悯和同情的眼神看着我，我估计他们在说："多好的孩子，可惜了！"

我并没有因为别人的误解而苦恼，相反我心里偷着乐，我知道别人之所以误解我因为他们没有对演讲痴迷到这种程度，也理解不了我对演讲那份独特的情怀。**这一份独有的痴迷，是我做好演讲最大的资本。**

另外，我还总结出了自己的一套成功理念：**一个人必须对一件事足够热爱，这种热爱癫狂到被人误解的时候，就是他亲手缔造奇迹的时候。**在我看来，总是被人理解的人是可悲的，说明这种人还是普通人。**相反，只有你的某些言行不被人理解，才说明你已经开始领先。被人误解，并不是一种代价，而是一种标准，一种超越常人的标准。**

因此，如果你是一位整天梦想成功的草根青年，就要经常问问自己：我的一言一行有没有被人误解过？

被人理解，意味着你没有创新，没有创造，没有独一无二，没有独占鳌头；

被人误解，才意味着你有崭新的视角，你有过人的胆魄，你有独树一帜的风采，你有纵横捭阖的奇才！

第二次，被邻居误解。

在创业初期，我和创业伙伴（一位纯爷们）每天都待在一起商量创办公司的细节。怎么注册公司，怎么选办公地点，怎么招聘员工，怎么销售我们的产品。一切细节都要反复论证、商量，真是千头万绪。我和创业伙伴上班一起走，下班一起走，我们俩相处的时间甚至超过了与女朋友在一起的时间。写字楼里的邻居们看到两个大男人天天在一起，就对我们俩的关系产生了怀疑。大家知道：世界上有两种伟大的爱情，第一种是楠哥我爱一个女孩，第二种是楠哥我深爱着跟我一样的男人。很多人误以为我和创业伙伴是后一种爱情。既然这样，一不做二不休，我就拿创业伙伴和自己开玩笑。我经常对朋友说："有时候，我和他互相看着对方，越发地欣赏，由衷地爱慕，而且我经常感慨：这个男人真好！"说完，引起朋友们的哄堂大笑！

我想问各位读者：你在工作中有没有疯狂到被人误解？如果没有，说明你还没有超越。如果你是普通人，你的行为一定被普通人所理解。如果你是成大业者，你的行为和思想一定不被普通人所理解。所以，要想成功，首先要被人误解！

第三次，被主编误解。

在我出版自己的书之前，我会把写好的零散的文章投给报社或者杂志社。有一次，一家企业的内刊上又刊登了我的一篇文章，一位编辑告诉我：他们的主编说这本杂志今年一共出了四期，刊登最多的除了该企业老总的文章，就是我的，几乎每一期都有，期期不落，这不行，所以这位主编要封杀我的文章，下期不许再登张一楠的文章了。

这位主编之所以作出这样的决定，因为他对我有较大的误解。外界的人不知道，这份杂志是该企业官方发行量最大的杂志，很多内部员工、中高层领导以能在此杂志上发表一次文章为荣。我这个非专业作者不但发表了，而且发表了N篇，我数了一下，从2010年到2011年整整一年的时间，在这份杂志上一共发表了五篇文章，这本杂志是季刊，每年只有四期，这就意味着每期都有一篇我的文章。这就让主编误以为某位编辑跟我有特殊关系，照顾我，这份杂志快成了“张一楠专刊”了，于是就在杂志社内部的会议上说要封杀我的文章。

听说这个消息后，一般人可能很生气，我没有。我不但没有生气反倒非常开心，因为我知道我完全是凭借文章的内容取胜而绝不靠与编辑的关系怎样。你想，在发表那些文章之前我已经出版了3本励志书，组成了一个图书系列，包括200多篇文章，总计100多万字，这种写作劳动量绝对可以练出一个顶尖的写作高手，相比之下，在一本杂志上发表几篇文章就是小儿科的事情了。

我的成功哲学是**“你还没有被人误解，就说明你还不够成功！当你被人误解了，你才开始走向成功”**。普通人和成功人士之间的思维有着巨大差别，所以很多普通人都觉得成功人士的行为不可思议，amazing！**以我的经验，当你的行为和思路只有你自己确信，别人理解不了或者误解的时候，才说明你与普通人的距离正在真正拉开。你**

我与小读者合影

正在做的这件事情才是有价值的，值得你大干一场！

从我在企业内刊发表文章这件事上来看，主编绝对是误解了我。因此，我判定，在发表文章这件事上，我已经成功了。事情的结局是：编辑力挺我的文章，主编也了解了事情的真相。最后决定不但不封杀我的文章，还把我的文章放在杂志的最前面，美其名曰“封面的故事”，重点向读者推荐！在我梦萦魂牵地写作了三年之后，终于在此时此刻一次性爆发，发表文章和出版图书已经势不可挡！

第四次，被同行误解。

有一次，行内的同事评价我和我的团队说：“你们这群人真是食人族，在赚取利润方面，连骨头都要榨取得一干二净！”我听了以后，微微一笑，没有作答。我并不觉得这是同行对我们的批评，反而是对我和我的团队表示无可奈何。在如战场一样惨烈的商场上，我们这样做是对公司最大的负责，如果眼睁睁看着大笔的利润从我们手中流走，那才是最大的犯罪。

当你被人误解的时候，一定是你情绪最最投入的时候，此刻的你心无旁骛，来不及顾及世俗的眼光，根本没有时间思前想后，唧唧歪歪，磨磨唧唧。此刻，此地，你眼里只有那件事，没有别的。史玉柱把自己关在房间里研发软件，半年没出门，半年后老婆带着孩子跑了，但是史玉柱的事业起步了。也许，你会骂我这是一种畸形的奋斗观，我不想辩解，我只想告诉大家，富二代、权二代不需要这样拼命，但是对于一个毫无背景、毫无人脉、毫无资金的三无人员在城市里生存下来，就需要这样去奋斗。在人才济济的都市里，要想活下来，很难，所以只能拼命！别人不理解你为什么如此拼命，就让他误解去吧，爱谁谁！

第五次，被所有人误解。

夏天是一个非常美好的季节，我最喜欢的季节就是夏天。也许因为我的星座是摩羯座，我出生在万物沉寂的冬天，所以特别向往活力四射的夏天，也特别喜欢与夏天出生的人交往，出生在夏天的活泼开朗的狮子座女生对我就有很大的吸引力。尽管我非常喜欢夏天，但是那个夏天我放弃了出去旅游、交友、聚会的所有机会，在自己的卧室里猫了整整两个月。

在这两个月的时间里，我都干了些什么呢？非常简单，只干了两件事：演讲和写作。演讲讲累了我就回家写书，写书写烦了我就出去演讲，照此循环……整整80多天不食人间烟火，不看电视，不上网，不知道什么是娱乐，不知道什么是聚会，不知道什么是逛街，不知道什么是休闲，就连我以前每周必去的新华书店都没去过一次。

《凶猛成长》

在这段时间里，城市的核心地带建了一座全市最大、最繁华的商业休闲娱乐中心，所有的市民都去那里逛街、休闲、购物，我周围的朋友、同事都去逛了N次，连我爸妈这样的退休人士都去逛了两次，但是“可怜的”我一次都没去过，悲催吧！更离谱的是，城市里所有的旅游景点我都没有去过，一次都没有，更悲催吧！

逐渐的，与我同一个小区住的邻居看我的眼神都变了，都觉得这个小伙子不正常，每天不干别的，就是上班下班，周六周日还去图书馆、新华书店、大学城演讲，从来没见过他出来玩一玩，逛一逛。

《嚣张奋斗》

那个夏天，我猫在自己的卧室里，一直不停地写“励志大师”图书系列。第一部书《凶猛成长》在那个夏天最后校稿完毕、印刷、上市（8月17日印刷完毕，全国上市）；第二部《嚣张奋斗》也是在那个夏天完稿的（8月31日全书完成）；同时，大家现在正在读的第三部《青春霸道》也是在那个时候动笔开始写的（9月1日开始写）。

朋友和同事们说我是一个多产的励志作家，“多产”我承认，但是大家不知道这两个字背后我付出的努力和心血。大家不知道我放弃了多少休息、娱乐、旅游的时间，孤零零一个人伏在电脑桌前“奋键盘疾书”，我曾经戏称自己是一个职业“键盘手”，因为我90%的周六周日都在敲键盘写作，劈里啪啦的键盘声对我而言是最悦耳的音乐。

有一句商业箴言：成功，就是抵制所有诱惑的结果。我十分认同！

在办公室，我不停地敲击电脑键盘，写；

坐在客厅的沙发上，我把iPad平放在膝盖上，继续写；

《青春霸道》

走在路上、坐在车里，我随时随地掏出手机使用“笔记本”功能，接着写；

即使躺在床上，手上什么记录工具都没有的时候，我依然让思绪在大脑中冲击、激荡，那个时候我依然用大脑写作。

鲁迅先生说过一句话：“我哪里是天才，我是把别人喝咖啡的时间都用在工作上。”

我想告诉大家的是：**“我也没有什么写作天赋，我是把别人吃喝玩乐、谈恋爱、打游戏逛街、环游世界以及睡觉的时间统统汇总起来，集中发泄到了写作上！”**

当时我的父母都以为我得了自闭症，看到我吃完晚饭就上楼关起门，也不知道我一个人在卧室里神神秘秘干些什么。当时他们还给我安排了N场相亲，计划让我见N个女孩，早日解决个人问题。没想到我一次相亲也没参加，一个女孩也没见。夏天过去了，我依然没解决个人问题，却拿出了一本印刷精美的励志畅销书以及另外两本书的电子书稿。

看着周围人异样的眼神，我诡秘地笑了，心里说：各位，我很正常。大家等着，当我的第一套“励志大师”系列图书在全国震撼上市的时候，你们就理解我了。

暂时的误解又算得了什么，我要的是——高度的认可、最终的尊敬以及全部的光荣！

菜鸟对牛人的四大误解

在我看来，成功者被人误解，无非六条原因而已：那些普通人——

只看到眼前，没有看到过往；

只看到这里，没有看到那里；

只看到局部，没有看到整体；

只看到个体，没有看到群体；

只看到表层，没有看到根本；

只看到现象，没有看到核心。

除此之外，普通人没有体验过你的体验，没有经历过你的经历。你的所作所为，他们只能进行毫无根据的推测甚至天马行空的设想。你心里最明白：别人看到的、猜想的、评论的都不是事实，不是真相。既然如此，你又何必为此劳神、为此纠结呢？

另外，据我观察，普通人最不能理解成功人士的四项特质：

第一、菜鸟不理解：牛人为什么那么孤独？

在你成功之前，永远都是孤独的，没有人能在你整个奋斗岁月中“全程陪伴”你，没有人注视你，没有人同情你，更没有人认可你、崇拜你。在你成功之后，你身边会前簇后拥着很多人，他们陪着你工作、陪着你吃饭、陪着你行走世界，但是这些人跟你在一起，只是身体距离上的接近，很难达成心灵的靠近。**有的人无知，也知道自己无知，但是有的人无知却不知道自己无知。同样，有的人孤独，也知道自己孤独，但是有的人孤独却不知道自己孤独。别人误解你，因为他们看到了你的孤独，唯独没有看到他们自己的孤独。**热闹是偶然的，孤独是必然的。孤独占据了你一生中大部分时间，狂欢只是小插曲，一年一次就不错了。**人，虽然总是在孤独地奋斗，但是心灵是丰富的，这种丰富你可以从改变中获得。**你的能力改变了，你财富数量改变了，你对社会的贡献变了，你对别人帮助的力度变了，别人看你的眼神也就改变了。虽然你的奋斗是孤单的，但你是愉悦的。这种愉悦，不奋斗的人永远体会不到，他们无法理解你。

孤独，是一种生物的常态。

第二、菜鸟不理解：牛人为什么可以屡败屡战？

人的一生，是由大多数失败和几次成功组成的。很多人不知道这个常识，他们只看到了你失败的次数，没有看到失败后你获得的经验和智慧。只有你知道：**失败的次数多代表你行动的次数也多，唯有大量行动才能成功。**失败是成功的GPS，每失败一次，就减少了一个令你迷茫的方向，就增加了一个令你振奋的目标。**所以，失败，是在用减法帮你定位人生方向。**

大部分人不明白一个简单的道理，因此他们会被耽误一生。他们不懂得，其实，**人生是一个交错的过程，失败与成功的交错，错误与正确的交错，停止与前行的交错。**人生的大部分时间由失败、错误、停止构成，这些都是人生的常态，是正常，是必然。成功、正确、前行是人生非正常状态，是一种偶然。因此，你只需要包容大部分的不如意，顺其自然地持续做，持续想，持续奋斗，持续前行就可以了，最后只要你学会等待，成功就会来临。

如果你懂得了“持续”二字的巨大威力，就可以完胜几千年来人类心灵的头号杀手——失败。我在很多场合讲过：**“持续，是一个人最牛B的才华。”**很多人佩服我的毅力，大可不必，只是因为我懂得了失败与成功的辩证关系，也懂得了持续的重要性，仅此而已。

持续，不需要你咬紧牙关，只需要你放松下来，不紧不慢地往前走；

持续，不需要你刻意为之，只需要你顺其自然，乐呵呵、屁颠屁颠地继续做；

持续，不需要刻意提醒自己，只需要模仿日月星辰持续运转，不中断就是你最大的功劳。

失败了，不去管它，继续走就是了，上次的错误不再犯，仅此而已，我们没有更多的损失。很多人不懂得“交错的人生”、不懂得“持续”的奥秘，因此他们不理解你为什么可以坚强到忍受那么多次的失败。

第三、菜鸟不理解：牛人为什么可以忍受屈辱？

人们之间祝福经常说：“祝你一切顺利”，还有人把帆船送给别人，寓意是祝福对方“一帆风顺”。**当人们对你说“一切顺利”的时候，你要警惕，这些人不是你真正的朋友！**因为，你应该懂得：人的一生，可能一帆风顺吗？不可能！即使你没经历过巨大的失败，但被人羞辱、被人看不起的情绪会时常产生。

你走过一家奢侈品店，小心翼翼地往里面看了几眼，趾高气昂的店员无比鄙视地看着你，仿佛在说：“穷鬼，看什么看？！”你觉得受到了莫大的侮辱。下雨了，你走在路边，一辆红色宝马车从你身边疾驰而过，溅了你一身水，司机还得意洋洋地朝你鸣鸣喇叭，扬长而去。这时候，你觉得受到了非人的侮辱。你要出国留学，去大使馆要看洋人给你签证的脸色，还要盖二十多个章，每一个章都需要求爷爷告奶奶，每一个章都是一种侮辱。

所以，我经常跟员工说：**“一个人忍受失败容易，忍受屈辱很难！”**但是，一旦你突破了忍受屈辱的极限，你必成大业！普通人会说：“你真行，如果换做我，我早就……”他们不理解你为什么可以忍受奇耻大辱，**因为他们总是以自己有限的容忍度来衡量那种纵横天下的博大情怀。**

普通人误解你，可能因为他们没有看到忍辱之后的结果，而你看到了。

韩信钻过裤裆，为什么？因为他杀了人要偿命，为了活下来他就忍辱钻裤裆。试想，普通人受不了这个辱，就被别人干掉了，而韩信忍辱负重、成就大业的形象在中国历史上千古流传。忍辱不是目的，而是手段，钻裤裆的同时要看着对自己有利的未来，其实，裤裆的背面有一片蔚蓝的天。

为了明天那个“美丽新世界”，忍受暂时的苦难和屈辱又算得了什么？我辈岂是蓬蒿人？！

第四、菜鸟不理解：牛人为什么总是激情四射？

如果一个成年人做一件事情失去了激情，只有两个原因：第一他的体能不行了，第二他对这件事情没有真正的乐和爱。

还记得那个让我们每一个人的心都为之一震的称呼吗？“东亚病夫”！体能不好就是新时代的东亚病夫，想成就大业，体能跟不上，哪怕万事俱备，你也不行！当你实在无法集中精力思考一件事情的时候，先去楼下广场上跳上100次，跳热了，跳出汗了，再回来思考。

另外，成就一件事的核心点就是要找到乐，以此为乐。找到乐者，一切都是享受。凡是不乐者，一切都是负担。成就事业的唯一通道，就是必须迷上你所做的事。你进入快乐、兴奋的感觉，才能

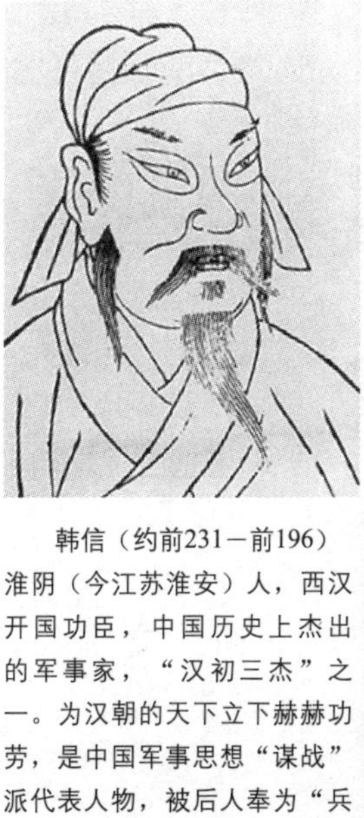

韩信（约前231－前196）淮阴（今江苏淮安）人，西汉开国功臣，中国历史上杰出的军事家，“汉初三杰”之一。为汉朝的天下立下赫赫功劳，是中国军事思想“谋战”派代表人物，被后人奉为“兵仙”、“战神”。“王、侯、将、相”韩信一人全任。“国士无双”、“功高无二，略不世出”是楚汉之时人们对其的评价。

成就。现在，你就明白了，成功者并不是打了鸡血，时时刻刻都兴奋，原因是他们热爱这件事，喜欢这件事，愿意在这件事上花时间，动心思。

激情四射，因为爱得波澜壮阔。

面对误解，你只须做到——不怒、不争、不解释

面对误解、流言蜚语、诽谤，你应当怎样面对？

如果你委屈，极力辩解，你就在浪费时间；如果你怒了，针锋相对地反击对方，你就跟对方在一个水准上；**你应该采取的态度是——不怒、不争、不解释，该做啥接着做啥。**

如果你还是一个新手，就在心里骂一句：去TM的，爱咋说咋说。然后继续做自己最想做、最应该做的事情。如果你已经修炼得无比成熟、强大，就在心里感激地说一句：**误解我的人，都是关注我的人，谢谢粉丝们，请继续关注！**

我想告诉大家：**不解释的人生，才是真正强大的人生。理解你的人，不需要解释。不理解你的人，不配你解释。淡薄那些无关紧要的评论，做自己最想做的事，成为自己最想成为的人！**

如果有人说你是疯子，太好了！**当别人说你是疯子的时候，你已经在成功的路上了；当你每天按部就班地做事却还梦想成功，那才是真正的疯子。**当别人不理解我们的时候就会背地里说我们是疯子，只有我们自己知道：其实，我们是天才。被人说成“疯子”又何妨呢？我们自己知道：**这个星球上，只有疯子才能改变世界。**

江苏卫视《梦想成真》的宣传语很是打动我，请各位读者每天跟我默念一遍——

你看到我的现在，我看到我的未来。

你看到我的匆忙，我看到我的光芒。

你看到我的贫穷，我看到我的光荣。

你看到我的笨拙，我看到我的执着。

你看到我的痛楚，我看到我的投入。

你看到我的迷茫，我看到我的梦想！

相信我：被人误解，就等于被人关注；被人误解，就等于与他人拉开了档次！

相信我：卑微的市井小人，永远理解不了纵横捭阖者的大气磅礴！

相信我：当你开始被人误解的时候，才是你开始真正成就此生的时候！才是你伟大一生的序幕徐徐拉开的时候！

被人误解，就等于被人关注；被人误解，就等于与他人拉开了档次！

绝学10

快乐的最高境界

世界上最稀缺的资源是什么?

现在,困扰都市白领们的最大问题是——“亚健康”。

这种病不是病,但是发作起来真要命。

怎么治?

先看一则小故事,或许能找到这种病的病根——

小和尚问老和尚:“您得道前,做什么?”

老和尚回答:“砍柴、担水、做饭。”

小和尚又问:“得道后呢?”

老和尚说:“砍柴、担水、做饭。”

小和尚百思不得其解,忍不住问:“师傅,您做着同样的事情,何谓得道?”

老和尚悠悠地回答:“得道前,砍柴时惦着挑水,挑水时惦着做饭;得道后,砍柴即砍柴,担水即担水,做饭即做饭。”

一些读者会很奇怪:这个小故事告诉我们什么呢?

把道理说得再直白一些:城市白领们的“亚健康”跟老和尚得道前的状态是一致的,用四个字概括——**“身心不一”**。

得道前,老和尚砍柴时想着挑水,挑水时惦记着做饭。就比如我们在上班时想着下班,下班后又老担心上班时没做完的事情,工作的时候想睡觉,睡觉的时候还挂念着工作。“亚健康”产生的原因,就是你的行为和精神不能合二为一，长期下来就产生了疾病。

怎么治愈这种顽疾呢？我有四点建议：

第一、在一个时间段内，只做一件事，不要做N件事；在合适的时间只做合适的、该做的事，不做错乱的事。

第二、每一个职员追求的都是往上走，被提拔、被提升。然而，我觉得：**高职不如高薪，高薪不如高寿，高寿不如高兴。快乐大于一切！**

第三、当代人为了将企业运营好，花大量的钱拼命学习MBA课程。我对“管理”二字的理解是：**管理，就是复杂的事情简单化，简单的事情标准化，标准的事情有趣化。**如果你还没有在自己的工作中切身感受到简单+有趣，那就说明你还没有深入到这份工作的核心，继续努力吧。

第四、多接近自然。如果你觉得生活没意思，要么是因为你太缺乏运动了，要么是因为你离自然界的生灵万物太遥远了。走进大山，你的视野就会磅礴；走到海边，你的心情会随之荡漾；走进森林，你的精神也会跟着生长……

不信就试试吧。

这个世界上最最稀缺、金贵的资源，不是黄金，不是美元，也不是石油，而是——人们的快乐。

小时候，我们玩得游戏简单无比，但我们非常快乐：丢手绢、老鹰捉小鸡、踢毽子、打沙包、跳皮筋、滚铁环、打弹弓、折纸飞机、弹玻璃球、自制火药枪、自制电灯、打水枪、自立江湖武林门派、骑自行车疯跑、打木猴、转陀螺、爬树、捣鸟窝、摘野果、下河游泳……

朋友们，这些游戏，你们还记得吗？

朋友们，这些快乐，你们还有吗？

大家想过吗？爱情为什么会快乐？

因为爱情使两个人都回到了小孩子时的感觉。洗个碗要猜“剪子、包袱、锤”；下雪了，男孩背着女孩在雪地里走，边走边唱，浪漫无比，这是一种像孩子一般简单的状态，这是一种纯净无邪的快乐。

有一天，我看到一个三四岁的小女孩拉着奶奶的手，踉踉跄跄地学走路，一边走一边抬起头看着银发苍苍的奶奶，张开小嘴，天真无邪地微笑，老奶奶也笑盈盈地看着心爱的孙女。与之对比的是——在大街上，行人们为了各种各样的目标来回奔波，面容憔悴而紧张，只有这祖孙俩充满爱意地看着对方。

在那一刹那，我的心被这幅场景震了一下。

在我眼睛里，她们两人就是一幅充满暖意的油画，周围不管有多少人走过，都是她们的背景，她们两人才是油画中的主人公。她们身上有一种很多人已经失去了很久的能力——快乐的能力。

其实，世上最温暖人心的场景就是：你站在大街中央，目视前方，纯净地微笑，任由无数满脸愁容的行人从你身边走过。每一个天真无邪的孩子、每一位慈祥善良的老人在“快乐”方面都是一等一的高手，他们应该成为我们的榜样。

再告诉大家一个秘密。

我有一个奇怪的嗜好：喜欢跟笑点低的人聊天，尤其是跟笑点低的女孩聊天。因为说什么她都会笑，聆听的人高兴，讲话的人也高兴。在快乐氛围的感染下，任何一个话题我都可以发挥得很好，对方也听得非常带劲。有的时候，我不经意说了一句话，对方居然笑得前仰后合，让我不得不怀疑，她是不是故意笑成这个样子配合我呢？！

各位女孩子，大家千万不要觉得自己喜欢笑就很傻，男孩子都喜欢跟天真无邪、没有心计、爱笑的女孩子在一起。如果你是一个大美女，但是工于心计，就会让男人们想到“美人心计”，对你只能敬而远之。任你美得惊天地泣鬼神，美得前无古人后无来者，他们也不会对你产生好感。

这个世界上不存在丑陋的女孩，只存在不会快乐、不会微笑的女孩。

我觉得：微笑，是一个女孩最美艳的容貌。

把生活过成段子

我的同事，大多是二三十岁的年轻人，大家聚在一起讲课、做事情，非常融洽。外人非常不理解，一群疯子每天讲十个小时的课，累得像驴一样，怎么还会如此亢奋，如此快乐？

我们的秘诀之一就是——讲段子。

讲段子本来是我们在课堂上使用的演讲手段之一，下午上课时学生昏昏欲睡，我们会讲一个与知识点有关的段子，或幽默或麻辣，或犀利或感动，让学生们集中注意力，重新振奋精神继续学习。后来，讲段子成为我们同事们之间沟通的主要方式之一，每当有意思的事情发生时，我们就会用妙笔生花的语言对这件事进行包装，讲出来互相调侃，肆无忌惮地开怀大笑。

我们总结出讲段子的三大好处：

第一、讲段子让自己快乐；

第二、讲段子让学生快乐；

第三、讲段子让同事、朋友、家人快乐。

我们的宗旨是：**大家笑，才是真的笑。**

讲到兴奋处，撸起袖子继续讲，此时我是最快乐的！

除此之外，我们之间不叫大名，而是以昵称或者诨名互相称呼，对于公司中的老板和高管也不例外。公司中有一位高管叫李建波，我们就昵称他为“波波”；我有一个同事叫康明辉，我们就叫他“康康”；另外一位高管是双胞胎中的弟弟，我们就叫他“二哥”；我的名字叫张一楠，他们就叫我“一一”或者“九哥”（大学寝室中排行老九）。

我的助理是一个80后女生，比我小几岁，是毕业于北京师范大学的教育学硕士，执行力强悍，做事情直奔目标，从不拖泥带水。在公司里不管是二十多岁的新员工还是五十多岁的办公室主任都很佩服她，尊称她为“华姐”（她的名字中有一个“华”字）。有时候，我也“恭恭敬敬”地称她一声“华姐”，每当此时，助理都很开心，哈哈大笑，说：“老大，你别这样叫我！太不好意思了。”每当此时我和办公室里的同事们也会非常开心，有时候，快乐没有那么难，只是一句对下属的认可，你和他（她）彼此都会为此而愉悦，工作也会更加有效率。

我告诉大家：你现在经历的事儿其实都不是事儿！**做任何事情，不要把自己搞得苦哈哈的，苦不苦，想想红军两万五；累不累，想想雷锋董存瑞**！你的那点“小郁闷”好意思在这些革命先辈们面前提吗？

黑旋风李逵

小时候看电视剧《水浒传》，记得出现最多的场景就是梁山好汉们聚在一起，大碗喝酒、大块吃肉、大秤分金银。梁山好汉们在一起叫嚷最多的话题就是**“快活”**，黑旋风李逵说得最多的一句话是：“哥哥们，俺铁牛活了这么大，上山之后才知道什么是快活！好不快活！给爷爷大宋皇帝的皇位都不换！哈哈哈！”

因此，**你要随时随地都有点娱乐精神**！活得快活一点儿！再快活一点儿！不但要让自己快乐，还要让家人、朋友、同事、老板快乐。总而言之，你的人生格言应当是：**全心全意娱乐自己和人民**！

能快乐是一种能力，能幸福是一种本事。

当下你的心中特别美，你的世界就特别美，你的生命就特别美。

选择事业的唯一标准——好玩

我把人世间的快乐分成两种：第一种是生活中的快乐；第二种是事业中的快乐。

有很多人觉得工作是枯燥的，但是我并不这样认为，我认为在解决温饱问题以后，你应该敢于选择一份你热爱无比的工作，更加重要的是，与工作当中的人轻松地交流是无比快乐的。快乐地工作也是工作，悲痛欲绝地工作也是工作，为什么不选择前者呢？**快乐又不是一种什么高深的技术，而是一种态度，一种对生命负责、使生命绽放的态度。工作中的快乐，就是只选你喜欢的，不选不喜欢的，而且没有任何无奈。**

我在《嚣张奋斗》（“励志大师”第二部）的《专业=无人企及》一文中提到过来自台湾的一位著名歌手，迪克牛仔。这个四十多岁才在大陆走红的歌手没有什么成功秘诀，一句话足以概括：**他不会**

做别的事情，除了唱歌就是听歌，除了弹吉他就是擦吉他！生活中的所有行为都与音乐有关。为什么他会像疯子一样独自生活在自己的音乐世界中？**因为他感到音乐好玩，音乐给他快乐，这是成就事业的一种大乐。别人把唱歌当做工作，而他把唱歌当做生活和娱乐，当一个人把自己的工作当做生活和娱乐的时候，请问：他的成功怎么阻挡？**

我有一个朋友，是市级邮政局局长，年纪轻轻就坐到这个位置非常不容易。他特别喜欢演讲，也被选为全国邮政系统的十大培训师，经常去全国各地讲课，后来开始涉及到企业培训，给一些民营企业家讲课。两年后，请他去演讲的企业越来越多，比较严重地占用了他本职工作（邮政局局长）的时间。在“市邮政局局长”和“企业家讲师”这两个职业面前，他必须做出抉择了。前思后想了很多天都下不了决心，他觉得这两项工作都非常不错，任何一个都难以割舍。

有一天，他和三岁的儿子在客厅里玩，就问儿子：“乖儿子，爸爸请教你一个问题，好吗？”

儿子说：“请讲！”俨然是一副小大人的模样。

我的朋友继续说：“有两个工作，一个是在本地继续做邮政局局长，另一个是到全国去给企业家们讲课，你觉得爸爸应该选择哪一个呢？”

儿子想都没想，问：**“爸爸，哪一个更好玩呢？”**

选择工作的问题困扰了这位朋友好几个月，什么工资待遇、奖金提成、住房公积金、退休保障、事业发展空间、受社会尊重程度、工作压力大小、繁忙程度等等，总之他把能考虑的全考虑过了，他还把所有的优劣、利弊点全部列在白纸上逐一对比，但还是难于抉择，那段时间真煎熬啊！

没想到儿子的一句话就让他快速做出了选择。

“对啊，我怎么没想到呢？热爱和快乐才是选择工作的唯一标准啊！”估计当时我这位恍然大悟的朋友就是这样拍着脑门说的。

孩子的思维是最单纯的，做出的选择也最接近核心。成人关注较多的是工作待遇、机会、经验、损失等等表层的东西，而孩子最关注的是这件事情是否“好玩”。

做一件事情只要快乐就值得做，否则就不值得选择。就这么简单。

做任何工作，“快乐”、“发自内心的热爱”、“乐此不疲”才是你选择时的唯一标准，其他的所有表层因素都不是核心。

请阅读本书的每一位朋友记住这个故事最后的结论吧：**只有你觉得“好玩”的事，你才能“玩好”！**

如果你是商人，就应该在生意中加入快乐元素，消费者一定乐意购买。我每次走过必胜客店门口都会看到大门上写着“必胜客欢乐餐厅”。这家餐厅除了出售匹萨，还出售“欢乐”！

世界上有一家派克快乐鱼铺。这家鱼铺跟其他摊铺提供的鱼没有任何区别，但是它的主要产品是出售“快乐”，鱼只是赠品。派克鱼铺的快乐源于鱼铺里伙计对工作的热爱，他们向自己的顾客传递这种快乐。那种快乐，充满海洋的气息，扑面而来，波澜壮阔！

苹果教父乔布斯

有的艺术家干脆靠生产快乐，表演快乐，销售快乐为生。所有的小品演员、相声演员、喜剧演员都是如此。如果你的表演不但让观众快乐，而且让他们从中领悟到人生的哲理，做人做事的规矩，善恶的标准，你就可以步入大师的行列。

“苹果教父”乔布斯对斯坦福毕业生演讲时说：“有时候，人生会用砖头打你的头。不要丧失信心。你得找出你的最爱，工作上是如此，人生伴侣也是如此。**你的工作将占掉你人生的一大部分，唯一真正获得满足的方法就是做你相信是伟大的工作，而唯一做伟大工作的方法是爱你所做的事。**如果你还没找到这些事，继续找，别停顿！”

成功和热爱有着直接的关系。面对不热爱的事情，也许只能产生20%的效果；如果遇到热爱的事情，也许能够得到200%的效果。**若要最大化你的生产力和影响力，找你真的、真的、真的爱做的事情。由热爱驱动的工作会带给你工作的渴望、意志、专注、自信、正面态度。热爱让你可以超长时间工作，热爱让你做事的成果远远高出人们的期待，这时候，成功就离你不远了。**

“好玩”的内核——成就感

除了好玩之外，对于很多成年人来说，工作中很少出现单纯的快乐，他们在事业上的兴趣往往来源于事业本身给予的回报，我们称之为“成就感”。这种感觉会给男人一种征服的愉悦，男人都有征服欲，窝囊的男人也有，只是他在生活的繁琐中逐渐掩埋了这种感觉而已。**所以，我认为：一个有魅力的男人，首先应该是一个对“成就感”上瘾的人，是一个轻度甚至中度的工作狂。**你可以不同意我的观点，但是我坚持这样认为。试想：如果一个男人对自己的事业都不热衷，他的魅力何来？他自信的支撑何来？一个没有事业支撑的男人，他的魅力会非常空洞，没有丰富的内容。

普通人理解不了成功男人的怪异行为，这些“怪人”不喜欢玩，不喜欢旅游，不喜欢K歌，只喜欢没完没了地开会、考察、走访、见顾客，真是匪夷所思，不可理解，难道这些人的脑子都进水了？其实不然，工作中带来的成就感是一种莫大的快乐。看着顾客购买自己的产品，得到健康，得到便利，得到成长，得到幸福和快乐，这其实也是一种快乐，很多企业家的快乐就来源于员工和顾客的快乐。这种快乐很少人能够体验，因此常人也理解不了。

演讲完接受哈达，很有成就感。

有些大学生从书店中捧出我的书，回家小心翼翼地包上书皮，在微博上晒读后感，我看到以后非常欣慰，那种快乐是一种荡漾的感觉。

还有的读者一买就买很多套，送给朋友、同学、同事甚至父母，他们说送什么都不如送“成长意志”和“奋斗精神”。这时候，我特别开心，被别人高度认同的感觉非常好！

我公司里的一位员工读了“励志大师”系列——《凶猛成长》、《嚣张奋斗》、《青春霸道》以后，立刻怂恿周围所有的哥们儿、姐们儿、七大姑八大姨还有那远房的七舅老爷都买了一套拿回去读。这位员工自己买了两套，一套自己收藏，另一套送给自己做大学老师的父亲看。他亲口告诉我，他父亲用了两天一口气读完，并作了详细的读书笔记。

还有一次，西安一家学生用具公司的老板张总偶然间读到了《凶猛成长》，回到家以后一口气读到夜里三点。第二天一大早又去书店买了8本送给自己公司里的所有总监和执行董事，后来觉得还不过瘾，就到书店一次性购买了500本发给员工作为学习读本，并请我飞往西安为他们做一天的员工培训。中午下课休息时，一位老者（后来才知道是这家公司董事长的亲舅舅，西安分公司的负责人，今年64岁依旧宝刀不老，驰骋商场）走上讲台跟我热情地握手，并一再表示从来没有听过如此振奋人心的演讲，一个劲对我表示感谢，最后掏出一张纸对我说："一楠老师，今天的演讲对我启发很大，真是相见恨晚，刚才你在台上讲，我在台下写了一首藏头七律诗送给你留念，再次感谢！"我拿过纸一看，上面写道：

《听讲感言》（七律）

赠友拙词李杜间，
张灯结彩迎猛男。
一睹风采醉山庄，
楠树成才历风寒。
讲演奇才著天书，
师出名门闯万关。
留得忠言明日星，
念念不忘值万钱。

（请大家把每句诗的第一个字连起来读）

吃饭的时候，老人家当着所有员工的面把这首七律声情并茂地朗读了一遍，博得了大家满堂喝彩。我在旁边听着，嘴上不停地说："惭愧，惭愧，愧不敢当！"心里其实已经乐开了花。

我觉得这种被读者和听众们认同的快乐，是最值得珍惜的，我心存感激，愉悦而幸福……

坦而言之，我喜欢演讲和写作的重要原因就是有回报，这种回报就是——读者和学员们的高度认可与他们自身的快速成长。这种回报，对我而言，是一种巨大的推动力量，我需要这种宏美而真切的感觉。

为了大家的期待眼神，我要一直讲下去，一直写下去。Definitely!

成大业者的快乐

请各位想在事业上有所建树的朋友记住四个字——**“以此为乐”。意思是你要以轻松、愉悦、快乐、热爱、开心、痛快、娱乐、高兴、美来支配当下的事业。**你会看到一些人做成一件事花了足足三十年的时间，终成正果。

被要签名的孩子们包围了，此时我是幸福的！

这究竟是靠一种什么力量？

是什么力量能让这些成大业者持续运行一生呢？

是靠责任心吗？

是靠道德吗？

是靠追求吗？

是靠境界吗？

是靠高尚吗？

我告诉大家，如果依靠以上这些因素，但是他们每天都很痛苦，他们就很难坚持几十年的时间，最最核心的还是因为他们“以此为乐”！试想：如果人家靠快乐来做事业，你靠体力来做事业，怎么跟人家比呢？

我送给大家一句真诚的建议：**凡是需要坚持的事情都坚持不下去，凡是产生快乐的事情都会自然地持续下去。**

有些人前半生非常悲哀，他们要么职场失意，要么有一点事业，但始终是个体户状态，没有长大，核心的问题是他们前半生在事业中没有触摸到大乐，巨大的快乐。

下面我冒天下之大不韪，泄露一下关于成就大业的天机，嘘，你们静静地读，千万别出声！

世间所有成大业者，皆是因为快乐而不是痛苦。这种快乐分为三种：

第一种是“一体乐”。即你要与所做的事业合二为一，做到“人事合一”。

成就感，是快乐的来源之一。一件事，你能玩好才觉得好玩，才愿意玩，才愿意长时间玩。我身边有些优秀的讲师愿意站在讲台上一天讲10个小时的课，为什么？有成就感，几百位学生用无比崇拜、狂热的眼神看着你，你什么感觉？歌星影星站在舞台上一呼百应，你可以想象那是一种什么感觉！

毛泽东、拿破仑、华盛顿、比尔·盖茨、乔布斯、迈克尔·杰克逊……

这个地球上所有的登峰造极者都是乘坐快乐飞行器进入了一件事，永远不出来！

如果你有一个孩子，就要教育孩子去做有成就感的事情，让孩子尽早达到拥有成就感的境界，让孩子跟一个事儿通体连接上。这，大于一切学问。

孝庄皇后（1613年3月28日—1688年） 清太宗爱新觉罗皇太极之妃，孝端文皇后的侄女，顺治帝爱新觉罗福临的生母。是史上有名的贤后，一生培育、辅佐顺治、康熙两代君主，是清初杰出的女政治家。

第二种是“征服之乐”。这种人不为别的，只为征服。有人说，成大业者都有强烈的征服欲。这种欲望在此类人身上得到了淋漓尽致的体现。成吉思汗、凯撒、孝庄皇太后、索罗斯……这些人都是典型的代表。**要取得行业一流的成就，你首先要有磅礴的征服之势。**

第三种是“以佳人乐为乐”。女人也是一样，是“以英雄乐为乐”。

古往今来，历代帝王将相，普通百姓，人生极乐处必归于此，释放于此。古代，一位英武的皇上争霸一方，最大的快乐莫过于回到宫中与自己心爱的皇后分享，缠绵释放。

一位企业家的公司上市了，他（她）就会与爱人分享，缠绵，释放。共同成就一个事业的一对夫妻，就会进入更高的格局，一种大快乐。

快乐的最高境界

先让大家读一则故事，领略一下跟我们截然不同的一种生活景象。

赫尔曼·扎普夫妇，周游世界长达11年时间。他们的家是辆83岁的老爷车，途中出生的4个孩子国籍不一。

赫尔曼·扎普和坎德拉里亚·扎普夫妇的家从2000年1月25日开始就在不停移动。实际上，他们已经驾驶一辆83岁的老爷车环球旅行了11年，并且目前还没有买个房子安顿下来的打算。**对于扎普夫妇俩来说，永不停止地驾车旅行、让全家人看到更多风景是一生最重要的追求。也许他们没有带庭院和车库的房子，但世界就是他家的后花园。**在你看到这篇报道时，扎普一家正在亚洲大陆上旅行，他们最新到达的一站是韩国。

赫尔曼·扎普今年42岁，出生于美国旧金山，在2000年，他甩掉了信息技术专家的身份，带着妻子和家当，从阿根廷巴塔哥尼亚出发，一路北上直到美国阿拉斯加州。2004年返回阿根廷后，他们短暂休息了几周，但因为实在怀念旅行，决定再次整装出发，从那之后，他们就一直在路上。

这对夫妻俩把搭载他们环游世界的老爷车当成了自己的家。他们的座驾是一辆1928年产的黑色老爷车，赫尔曼·扎普说："我祖父得知我们想去不间断旅行，于是给了我这辆车。他还给了我一些建议：'如果你想走得更远，就慢慢地开'。这建议比那辆老爷车还有用。"这个移动的家看上去很拉风，可惜最高时速只有64公里，但对于想要慢慢欣赏路途中风景的夫妻俩来说，这个速度也许刚刚好。两侧车门下方漆着"从阿根廷开到阿拉斯加"英文字样，车后部外挂的行李箱上印有驾车游的网址www.sparkyourdream.net。

回忆第一阶段旅行，扎普夫妇说，由于经验不足，他们很快就花光了所有积蓄，不得不依靠好心人的帮助，才有了临时住处、食物和汽油。不过赫尔曼说：**"我们很快乐，我们拥有年轻夫妻向往的一切，但我们觉得需要继续前行。"**

我在演讲时经常这样告诉在场的听众，无论他们是在校的学生，还是功成名就的人士：**人世间有一种快乐，就是——做自己想做的**

事，无论这件事情是什么；成为自己想成为的人，无论这种人贫富与否。人生中最大的快乐，不是想干什么干什么，而是不想干什么就不干什么。赫尔曼·扎普夫妇做到了这些，他们用11年幸福而独特的生活方式践行了这句话。

再让大家欣赏一幅温馨的照片。

美国的麦吉夫妇凭借与自己六胞胎子女的温馨照片而在Face book社交网站中一贴成名。他们都出生在贫困家庭。两人中学时代开始恋爱，不到20岁就结了婚。婚后俩人都读了大学，开始了自己的事业，并且买了房子。生活似乎非常美满，唯一的缺憾就是没有孩子。

去年6月9日，六胞胎健康出生，在罗扎诺和麦吉看来，他们全部是“奇迹宝宝”。尽管照顾孩子令他们几乎没时间睡觉，换起尿布来也没完没了，他们仍然乐此不疲。

罗扎诺开了个清洗地毯和室内装潢的小公司，麦吉则待在家里照顾六胞胎。虽然六胞胎目前只有8个月大，麦吉每天都按照严格的时间表安排他们的作息。他们有“便便时间”、“奶瓶时间”、“小睡时间”、“洗澡时间”……在半天时间里，罗扎诺和麦吉换了36块尿不湿，冲了24瓶奶，还冲了12碗米糊。

麦吉表示，她竭尽全力做六胞胎最好的母亲，同时她还对孩子们抱有美好的愿望：“我希望他们都能接受教育，最好的教育。那是我们自己仍然在为之努力的事……我希望他们都能成为有用的人。”

从上面这个故事中，我可以感悟到：**人生中很多的快乐跟“身边的亲人增加”有关。快乐是如此触手可及，就是对自己的亲人说一**

声：“我爱你！”，并且“在一起”。当男孩找到一个女朋友时，父母身边多了一个可人、懂事的儿媳妇，一家人都会快乐；当家中有一个婴儿呱呱坠地的时候，每一位家庭成员都会快乐，生第二个孩子的时候，依然会非常快乐；当你身边志同道合的兄弟姐妹越聚越多的时候，你会非常快乐；当使用你的产品的顾客越来越多时，你也会非常快乐。

有人会问：你想快乐就快乐吗？快乐会一直存在、永不消失吗？人生没有任何痛苦吗？当然不是！

孩子都有纯粹的、100%的快乐，但是成人就不一样了，我们心中有太多的琐碎、烦恼、忧虑、担忧、恐惧、失望、绝望甚至悲伤，即使偶尔快乐一些，也不是纯粹的。

怎么办呢？

让价值观回炉、重塑！

有一次，我的学生问我：一楠老师，请问如你一般强悍的人生有否遇到过永远无法挽回的悲伤？这时候你会怎么办？请务必回复啊！

我回答：一切都会过去，时间可以治愈一切。当你快乐时，你要想“这快乐不是永恒的”；当你痛苦时，你要想“这痛苦也不是永恒的”。我经常对同事和朋友说这样一句话：“成功时享受事业，失败时享受生活。”

以前，你觉得经历事儿是痛苦；现在，你要觉得经历事儿是快乐。

人的一生，不就是经历事儿吗？

过日子过的就是事儿，各种各样的事儿，坏事儿、好事儿、烂事儿、喜事儿……经历太多好事就是一个普通人，经历很多烂事儿而且处理得干净漂亮，才是传奇人物。**经历事儿就是在积累素材，在你成功那一天，去给别人演讲就会有跌宕起伏、令人叫绝的奋斗故事可讲！**

请你不要跟任何人任何事过不去。别和小人过不去，因为他和谁都过不去；别和社会过不去，因为你会过不去；别和自己过不去，因为一切都会过去；别和往事过不去，因为它已经过去；别和现实过不

去，因为你还要过下去。

豁达、淡然、包容，欣喜，这才应该是你全新的价值观。

有的读者会问：快乐是人生的终极目标吗？

我会回答：不是。

你又问：什么才是呢？

我会回答：幸福才是。

如果你可以活到100岁，让你乘坐时光机回到年轻的时候，你这位充满人生智慧并且阅历丰富的老人会对见识浅薄、年轻稚嫩的自己说什么呢？

如果是我，我会回答：**生命的全部意义在于——寻找并享受每时每刻的幸福。哪怕幸福只露出一根线头，我也要把它拽出来，织成一件毛衣。**

不要再关注琐碎的事物，重新找到生命的控制权，不再后悔过去，不再恐惧未来，全然活在当下的时光。**幸福是快乐地学习，幸福是开心地工作，幸福是充满爱意地生活。人的一生，应当活在爱里，活在幸福里。**

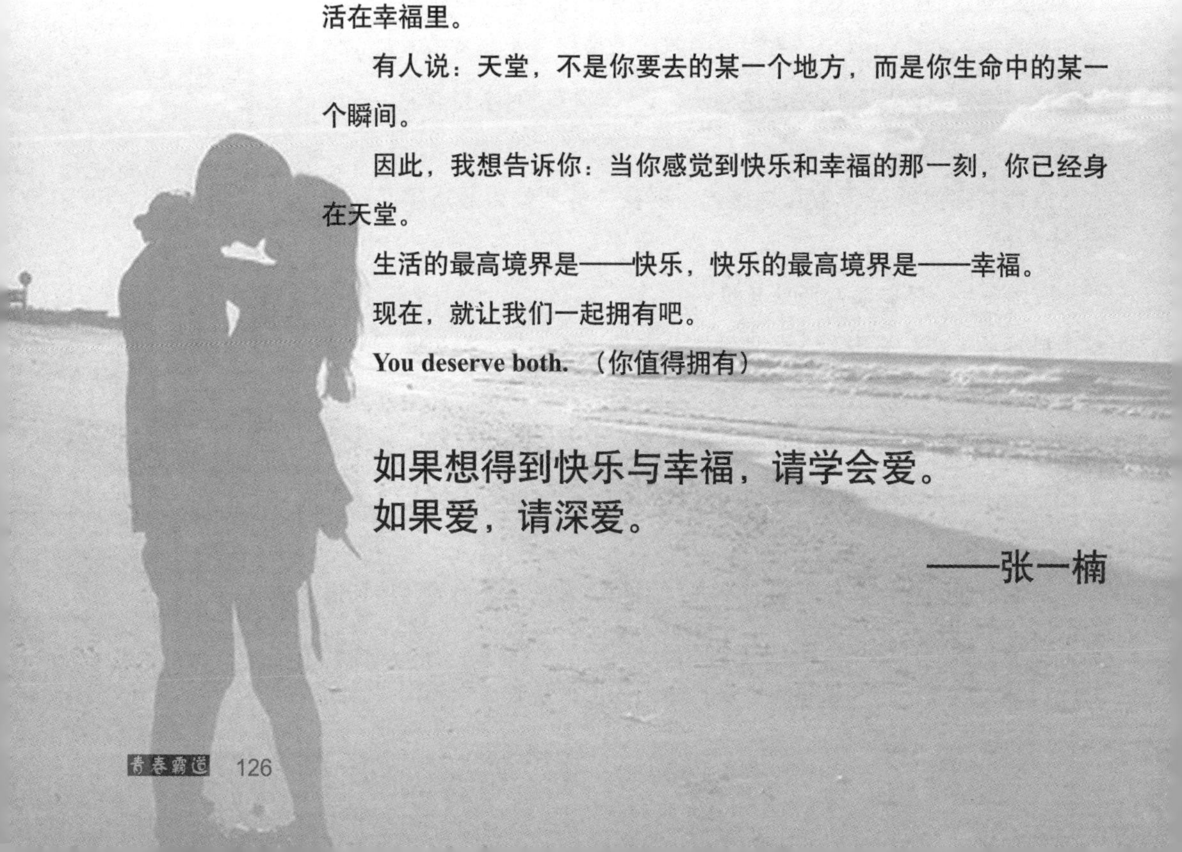

有人说：天堂，不是你要去的某一个地方，而是你生命中的某一个瞬间。

因此，我想告诉你：当你感觉到快乐和幸福的那一刻，你已经身在天堂。

生活的最高境界是——快乐，快乐的最高境界是——幸福。

现在，就让我们一起拥有吧。

You deserve both.（你值得拥有）

如果想得到快乐与幸福，请学会爱。
如果爱，请深爱。

——张一楠

绝学11

引导力

当今中国，学英语的风潮日嚣尘上，近乎癫狂。做过英语老师的我非常担忧，如果中国的年轻人只会英语，他们能用英语这种单一的语言工具改造世界吗？

不能！

世界上有的地区已经规定：儿童在5岁之前不能学英语，先学习自己的母语以及人类的基本性格。做出这样规定的政府官员是明智的，英语真的不是一切！在国内，英语仿佛是屠龙之技，学得再好，龙呢？

如果全民不再学英语，应该学习什么呢？

在我看来，中国所有的年轻人都应该学习一种更为实战、更为有效、更有可能改变自身命运的绝技，这种绝学的名字叫做——引导力！其实，你们的骨子里都流淌着“我应为王”的血液！引导他人，领导他人，成就自己！别告诉我你不是！

有人说，世界上最复杂的就是人与人之间的关系。我认为，世界上最简单的就是人与人之间的关系。**人与人的关系只有两种——引导与被引导。不做引导者，你就只能做被引导者。**学会引导他人，继而学会领导他人，这是世界上最伟大的技术，没有“之一”。对他人10次有效的引导，你就拥有了强悍的领导力。任何一个3岁-35岁的有志青年，都务必学会“引导力”，这种技术会对你的未来产生不可估量的影响。（你没看错，3岁！引导力要从娃娃抓起！）

更为伟大的是，引导力是每一位草根青年都可以快速学习并广泛使用的本领。

我要大声告诉各位的是：任何一个中国青年，都可以成为领袖，你也可以！我不骗你！

引导力既然那么重要，你会问：**怎样才可以成为最厉害的引导者呢？今天，我就介绍六种顶尖引导者所应该具备的优秀特质，让你也成为最厉害的引导者，我们一起开始吧！**

对于大部分人来讲，只听说过“领导力”，从未听说过“引导力”。其实，**引导力，就是普通人能随时随地使用的领导他人的能力**。对于大家来讲掌握领导力很难，是需要条件的，你身边要有一个团队，几个人或者几十人甚至成百上千人，领导人要通过领导力引领这些人一起去达成某一个巨大的目标。而引导力相对简单得多，不需要你有团队，只要你身边有一个人，你就可以尝试着引导他，即使你身边没有人，你还可以引导自己。所以，引导力是普通人尤其是没有任何领导经验的草根们练习本领、突破自己的最佳选择。

第一、主动，是引导者的首要特质

我们先从最简单的一种方法入手学习这种伟大的本领。

大家记住：遇到一件事，谁先动，谁就是引导者。

一个新兴行业刚刚兴起的时候，谁先主动进入，谁就会成为行业的领导者；

来了一位新领导，谁先主动接近这位领导，及时展示出自己的能力和才干让他认可，谁就会成为新领导最先提拔的对象，从而成为其他员工的引导者。

地球上的资源都静静地躺在那个地方，并没有规定它们的所有者，谁都有资格去开发去利用。所以谁先想办法去开发利用，谁就会成为那些资源的拥有者。比如成功的房地产商，国家的土地资源静悄悄地摆在那里，每一个人都可以看到，但是那些房地产商就先一步行动了。他们掌握了土地资源，盖起一排排住宅楼或者商务写字楼，然后再出售或者出租。在房地产这个行业中，房地产商就成为购房者的引导者。房地产商怎么就成为巨富？因为他们没有心理障碍，先行一步了！

引导者，都是会打“大提前量”的人。他们提前比别人起步，半年以后，三年以后，当别人发现他们的成就时，已经追赶不上了，只能眼巴巴看着这些生活中的主动者尽情地表演。

主动就是提前起跑，主动就是目光敏锐，在别人没看到的时候先看到，并提前行动。这样，你会赢得时间，赢得资源，赢得先人一步的时机，当你拥有了资源、成绩时，就会吸引他人来追随你，这时候你就实现了引导。如果一个人二十年如一日凡事主动出击，他必然成为每一件事情的引导者，没有任何悬念。

关于“主动”的力量，我已经在本书《主动是天堂，被动是地狱！》、《主动，就是促使事情发生》两篇文章中做了详细的论述，大家去认真阅读吧。

杰克·韦尔奇

第二、引导者拥有强大的自信

美国通用公司前任总裁杰克·韦尔奇任职期间大刀阔斧地改革，带领通用公司创造了业绩的奇迹，因此他赢得了世界各地老板、总裁们的崇拜，被誉为“世界第一CEO”。大家不知道的是，这样一个商界领袖小时候居然患有严重的口吃，他是怎样树立自信并一步步突破自己的呢？

杰克·韦尔奇出生在美国的一个中产阶级家庭，**母亲对他的期望很高，但从不强制他做他不愿做的事情，而教他必须树立信心。**母亲首先教他的是自立。杰克从小喜欢体育运动，经常到其它城市参加比赛，别的孩子都是由父母陪着，可杰克早被当成大人看待了，母亲只是把他送上火车。杰克从小就有些口吃，直到成年还没改掉。母亲从不批评他，而是激励他说：**“口吃算不了什么，这只能说明你的思维敏捷，想的比说的快。”**这就使杰克消除了自卑感，甚至对自己的口吃有些骄傲。杰克·韦尔奇的朋友美国广播公司新闻部总裁给他开玩笑：“我非常佩服你的能力，我恨不得自己和你一样口吃。”

我发现大部分人总是不自觉地“强化自己的无能”，他们总是看到别人比自己有钱，比自己帅气，比自己学历高，比自己外向，比自已聪明等等。当你总是拿别人的优点与自己缺点比较时，你就会总感觉沮丧、懊恼、后悔、绝望。

所以，要自信，首先你要找到自己身上的闪光点，并把这个闪光点修炼成独一无二的强大优点，让周围的人一提到你就会想到你所代表的那个熠熠闪烁的优点。

比如我们一提到韩寒，就想到青年新锐作家；

一提到丁俊晖就想到斯诺克和世界冠军；

一提到方文山就想到他和周杰伦合作写的歌词，每首都美轮美奂；

一提到乔丹就想到篮球和NBA；

一提到歌唱达人“菜花甜妈”就想到她那句经典的“送你葱”；

……

当你通过练习拥有了一项绝技别人无法企及只能望你兴叹的时候，你的自信就会与日俱增。**每个人身上都有一种伟大的天分，你要做的就是尽快找到它。尽早找到这种天分，淋漓尽致发挥出来，发挥到极致，一鼓作气做到巅峰状态，让众人自愧不如，这时候你就是别人眼中的天才。当你被大家称为“天才”的时候，你说什么都是对的，引导他人是一件轻而易举的事情。**

自信，是一种确定，一种坚定，一种雷打不动的坚毅气质。世界上彷徨的人太多了，遇事动摇的人太多了，不坚定、不自信的人太多了。只要你具备应有的坚定和自信，就可以引导那些不自信、不坚定的人们。

第三、引导者擅长制订游戏规则

大学时，我从一个普通学生成长为系里的学习部部长，怎么做到的？就是凭靠擅长制订学习规则的能力。我们班里都是英语专业的学生，背单词是最让我们头痛的，背了总会忘掉，于是我就联合坐在我周围的5名同学，组成一个英语学习小组，一起背单词。我提出规定：每天必须提前半个小时来到教室，互相考学过的单词，背不出一个单词罚一毛钱，下课以后，用罚的钱到大学门口买羊肉串给大家吃。这里的关键不是罚钱和有羊肉串吃，而在于面子的问题。如果一个同学总是被罚钱买羊肉串，就说明他背单词的效果是最差的，这也是我们这些争强好胜的人最不能忍受的，于是每个人都拼命背单词，形成了强烈的竞争气氛，最后提前把大学四年中应该学的单词背完了。

大一的时候我们寝室八个兄弟的英语听力都不好，尤其是关于数字的英文材料总是听不懂，我就提倡兄弟们把每晚九点半到十点半定为“听力练习时段”，大家拿出随身听或者复读机一起练习。有两个星期的时间，我们每天晚上花一小时专门听关于数字的听力材料，最后每个人的听力水平都快速提高了，考试时得分最高的就是数字听力题。

后来，我们又去图书馆一起学习，我又提出建议：每天必须有三整天在图书馆度过，每天上午8点整去图书馆占座，六个人轮流占座。然后大家掐好时间一起做题，做完题以后两个两个地互相讲解，难题一起讨论，谁把难题讲解明白了，我们就到食堂请他吃饭。就这样，我成为这六个人当中的小组长，每个组员的学习都提升飞快，后来系里的辅导员听说了这件事，就让我做班里的学习委员，大三的时候又成了学习部部长。

我认识一家民营汽车公司的总经理，他以前在美国的汽车公司里做高管，后来国内一家民营公司的老板力邀他回国加盟。老板看中的是这位总经理在美国学到的先进的管理和运营理念。这位总经理最擅长的就是**制度管理**，说白了就是给造车工厂里的员工制定工作规则，他也痴迷于此，乐此不疲。在工厂里，他坚持以克莱斯勒的军事化管理对工人们的头脑进行彻底清洗。对于车间里的一切事务，他都定出规律，流程化，程序化，标准化，数字化，系统化，有法可依，有法必依。就连厕所每天用什么类型的清洁剂、在几点钟进行清洗，都给清洁工进行了严格的规定。大家有没有观察过麦当劳和肯德基的厕所？这种连锁快餐店的厕所里都会挂着一个表格，厕所在营业时间中几点几分清洗一次，都有非常严格具体的规定。

为什么要制定游戏规则呢？因为“人性本惰”，每个人都是有惰性和弱点的，这是人类的天性，即使是最负责、最有责任心的员工也不例外。既然如此，我们就把丑话说到前面，就把游戏规则制订好了再玩，谁违反规则谁出局，谁遵守规则谁就可以继续玩并且获得奖赏。这样严格、公正的管理方式就会有效地控制人类的惰性和随意性，处于对游戏规则及其背后奖惩机制的畏惧，人们引导自己尽量克制弱点，发挥优势，最后把事情做到尽善尽美。

善于制订大家乐于遵守、愿意遵守的游戏规则，是成为引导者的必要条件。制订规则是管理能力的基本功，也是一种严肃的爱，因为定规矩的初衷是帮助大家克服自己的缺点，引导大家积极、有效地把事情做好，这是在帮助遵守规则并努力成长的人，同时也在惩罚不遵守规则、不愿意成长的懒人。

第四、引导者必须独创一种媒介

引导者都有自己的绝技或者自己的产品。

世界级的引导者都有一种独门绝技或者制造出了风靡全世界的产品。这种绝技和产品就是他们引导众人的媒介。

这种媒介最好是全世界独一无二的，这种媒介最好可以和你本人画等号，你就是这种产品或者媒介的代名词，比如乔布斯=苹果，史玉柱=巨人+脑白金+征途；引领者也可以是一种技艺的代名词，比如周杰伦=流行歌，成龙=功夫电影，郭德纲=剧场相声，赵本山=二人转；或者是一个团队的代名词，比如马云=阿里巴巴团队，牛根生=蒙牛团队，柳传志=联想集团；最高境界是引领者成为一个国家的代名词，比如毛泽东=中国，列宁=苏联，甘地=印度，林肯=美国。

列宁=苏联

任何引领者都要持续生产、持续推广、持续创造一系列登峰造极的产品或者绝技，以征服世间芸芸众生的心，获得他们的密切关注，让他们的眼睛盯在你的身上，一刻都不离开，做到这一步，你就成为了成功的引导者。李小龙独创的“截拳道”和功夫电影在当时的成绩可谓登峰造极，影响了无数华人，甚至成为“中国人”的代名词，外国人一提到中国就会想到李小龙、中国功夫以及自强不息的华人精神。

引导者所生产的产品必须与大家的生活相关，不，必须与大家的生活密切相关！**并且，如果你想通过产品或者媒介对他人实现引导，你的产品和媒介必须让他们产生强烈的生理反应，在他们身上留下一种深刻的身体记忆。**比如赵本山和郭德纲能让大家快乐，这是一种每个人都追求的情绪，每个人都是“趋乐避苦”的，观众们被这些擅长制造快乐的艺人们影响，会关注他们的一言一行。苹果的每个产品都会让果粉们惊叫，因为这些产品有着漂亮炫目的外观，使用起来也会让消费者产生非常舒适、与众不同的视觉感受，这样就出现了苹果公司每次推出新产品都会有大批果粉排队购买的壮观景象。

户外千人演讲现场。我用演讲这种媒介引导大家，服务大家。

互联网，是影响世界的伟大工具，我们总结一下互联网的功能，无非就是“upload”（上传）和“download”（下载）两种而已。大部分网民使用最多的功能是下载，只有极少数人上传内容。下载的大多数人总是被上传的极少数人所引导和影响的。**所以，内容提供者、内容开发者引导内容使用者。如果你想在互联网领域成为引导者，就必须成为上传者，引导那些下载者和浏览者。**

同样道理，生产产品的人引导那些没有产品的人；

有技术的人引导没有技术的人；

有经验的人引导没有经验的人；

有钱的人引导没有钱的人；

有资源的人引导没有资源的人；

有思想的人引导没有思想的人；

有理想的人引导没有理想的人；

有方向的人引导没有方向的人。

世界上所有的引导与被引导都是因为不平衡导致的。你会发现一切引导者都是“有”的人，一切追随者都是“无”的人，这种“拥有”方面的不平衡导致了引导与被引导。世界上的引导，一定是“有”的人引导“无”的人。

第五、引导者都是“服务员”

据我观察，天下所有的父母在选儿媳或者女婿的时候都有一个最朴实的条件，就是这个女孩或者男孩必须**懂事**。懂事，为什么就那么重要呢？因为懂事的人都不是自私的人，他（她）会以别人的需求为导向，努力服务他人，帮助对方实现目标。请问：谁不愿意跟懂事的人成为终身伴侣呢？

既然这么重要，那么什么是懂事呢？用一句话概括，就是及时满足他人的需求，用四个字概括就是“服务他人”。

我认识一个男孩，他找了一个女朋友，年纪非常小，是90后的超时尚女孩。奇怪的是，男孩的父母非常喜欢这个女孩，总是催着男孩与女朋友结婚。大家都知道，当父母的挑选儿媳妇的眼光都是非常挑剔的，这就奇怪了，90后女孩究竟是怎样征服两位老人的心的呢？

很简单，就是刚才我说过的——为二老服务。

每次女孩在男孩家吃饭，一定会去厨房打下手，吃完饭一定会抢着洗碗，一次都没有拉过。

还有厉害的。女孩每次去外地旅游，买给自己的东西非常少，却总是想着给男孩的母亲带回各种别致的小礼物，有丝巾、遮阳伞、胸针等等，而且这些小礼物像是为老人量身定做的，非常合适，很讨老人的欢心。

别急，还有更绝的。有一次，男孩及其父母、女朋友四个人去上海旅游。父母在酒店里休息，女孩与男孩去外滩玩，回来时女孩不声不响地买了一双袜子和一份报纸回到酒店。男孩很奇怪，说自己的袜子够穿了，女孩说刚才我发现你爸爸的袜子破了，给他买的，而且你爸爸喜欢看报纸，这份报纸也是给他的。

这个男孩立刻被征服了，他很庆幸自己找了这么一个懂事、善解人意的女朋友。

大家看到了吧，你主动服务他人，对方的心立刻被你降服。

懂事的力量就是这么强大！

懂事，需要你有相当强大的观察能力，随时随地观察他人遇到什么问题，并及时出手相助。另外，你还要有一种甘愿服务别人的强烈意愿。大家千万不要以为服务他人就是伺候别人，那是仆人的活，自己干不来。服务他人，就是让别人认可你，喜欢你，逐渐地依赖你，最后离不开你，这时候，你就实现了自己对他人的引导和领导。

所有为别人服务的人都可能成为现场的引导者和组织者，尤其是在一个大家互相都是陌生人的场合。比如，你去参加一次聚会，到场的人中有很多是你不认识的。这种情况下，大家都会很尴尬地等待聚会的开始。这时候，如果你放下架子，开始服务他人，你就会成为现场的焦点。比如，在餐桌上你帮着摆放碗筷，给客人们沏茶倒水，谁要去洗手间你就带他去。我保证不出十分钟，大家就会对你产生好感，现场认识你的人最多，你也就自然而然成为了引导者。

懂事的初级境界是为家人、朋友服务，最高境界就是为陌生人服务，为芸芸众生服务，为天下苍生服务。

有人说过：**“领导就是服务。”**我非常认同这个观点，服务人民大众的过程也是引导人民大众的过程，大家需要你的服务，自然也就听从你的引导。服务和引导是相互交织、互相转化的，服务的过程中你在用自己的帮助引导他人，引导别人的同时又在为他们服务。

引领者，不一定是一种时尚，也不一定是一种潮流，有时候引领众人向善的力量更加巨大！引导者，是给予大于索取的普通人。中央电视台《感动中国》节目感动了很多人，同时也引导人们积极向善。获得“感动中国”奖项的都是跟你我一样的普通人，他们用爱心和义举引导了十亿人民的关注，牵动了每一颗善良的心。有一位靠卖羊肉串助学的新疆人阿里木，他的故事让很多比他更富有、比他更有权势的人汗颜，他没有房子、没有钱，但是一位美丽的新疆姑娘被他感动，愿意嫁给他，跟他一起帮助贵州毕节的孩子们上学。阿里木的故事告诉我们：人性本善，一个善良的穷人在心灵上却是最富有，他足以引导更多的人做出更多善良的事。

卖羊肉串助学的阿里木

想想雷锋同志和特蕾莎修女被人民和穷困的人奉为神灵一般的人物顶礼膜拜，他们两个人不是国家元首，不是影视巨星，却拥有比国家元首、影视巨星更强大、更深远的影响力。

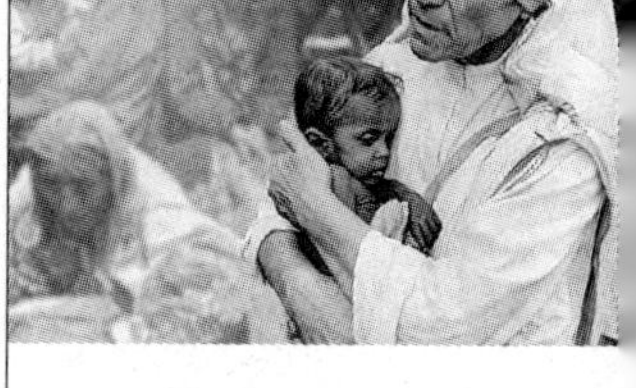

特蕾莎修女（1910—1997）世界著名的天主教慈善工作者，主要替印度加尔各答的穷人服务。因其一生奉献给解除贫困，而于1979年得到“诺贝尔和平奖”。并被教皇约翰·保罗二世在2003年10月列入了天主教宣福名单。

为什么？

因为他们花费了一生的心血去做一件事——全心全意为他人服务。

第六、引导者，要拥有两种巨额财富

引导者，要拥有两种巨额财富，即物质财富和精神财富。

拥有了巨大数量的物质财富，你将有资格给员工们提供工作，有机会领导员工，管理员工，这时候你就实现了对他人的引导。拥有巨大的精神财富，你就占据了别人的大脑阵地，引导他人也会变得容易。如果你同时拥有了巨大的物质财富和精神财富，你将对这个社会和人民发挥不可想象的巨大影响力，你会从一个普通的引导者成长为卓越的引领者。

很多人渴望在职场和商场中获得成长，**我认为：成长，就是从单打独斗到“不劳而获”。有一句英文 Use others’ money and time.（利用他人的资金和时间）。是的，支配了别人的时间，就是管理；支配了别人的金钱，就是投资。想“不劳而获”，就得具备非常娴熟的引导力。**

李嘉诚是声名显赫的华人首富，我去香港旅游的时候，印象最深的是导游对他的介绍。导游说香港有三分之二的人在为李嘉诚打工，其财富的数量你就可想而知。同时，李嘉诚又被很多人交口称赞，虽然富有却并没有太多负面的新闻，这是因为他太会做人了。

大家设想一下一个大人物与普通人一起吃饭，会是一种什么场景？我想是这样的：大人物等大家都到齐坐好了，才会缓缓走过来，讲几句话。如果要吃饭，他一定坐在主桌，有个名签，相对重要的人物会坐在他边上，级别更低的人会坐在其他桌，饭还没有吃完，大人物就应该走了，因为大人物总是很忙。如果李嘉诚也是这样，我们也不会怪他，因为他是大人物。

但是李嘉诚不是这样的，李家所有的客人乘电梯上楼，开电梯门的时候，李先生就会在门口等着大家，然后给每一个人发名片，这已经会让大家大吃一惊了，因为李先生的身家和地位已经不需要用名片了！但是他一样认真地给大家发名片。

发名片后每个人会抽一个签，这个签是一个号，就是客人们照相站的位置，是随便抽的。你会想为什么照相还要抽签？这是用心良苦，为了大家都舒服，否则怎么站位就是一个需要平衡的头痛的问题。

抽号照相后又抽个号，说是吃饭的位置，又为大家舒服。最后让李先生说几句，他说也没有什么讲的，主要和大家见面，后来大家鼓掌让他讲，他就说我把生活当中的一些体会与大家分享吧。**然后看着几个老外，用英语讲了几句，又用粤语讲了几句，把全场的人都照顾到了。**

他讲的核心思想是**“建立自我，追求无我”。**

我们再来看一则令人深思的小故事。

一禅师见一蝎子掉到水里，决心救它。

谁知一碰，蝎子蛰了他的手指。

禅师无惧，再次出手，岂知又被蝎子狠狠蛰了一次。

旁有一人说：它老蜇人，何必救它？

禅师答：**蜇人是蝎子的天性，而善是我的天性，我岂能因为它的天性，而放弃了我的天性。**

我们很多人的错误在于：因为外界过多地改变了自己。“建立自我”，就是听从内心深处的声音，不因外界的纷繁干扰而改变初衷，一生只做自己，一生淡定从容。

同时，你还要“追求无我”，意思是：把自己融入到生活和社会当中，不要给大家压力，让大家感觉不到你的存在，来接纳你、喜欢你、欢迎你。

讲完话之后，李嘉诚就会与所有的客人一起吃饭。但吃了一会儿，他就会起身，说抱歉我要到那个桌子坐一会儿。他们安排李先生在每一个桌子坐15分钟，总共4桌，每桌都只坐15分钟，正好一小时。临走的时候他说一定要与大家告别握手，每个人都要握到，包括边上的服务人员，然后又送大家到电梯口，直到电梯关上才走。这就是他的“追求无我”，显然，在这个过程中他都做到了。

一个成功的人对生活的态度非常重要。比如我们在生活中经常看到一些人，做一些事情偶有所得，有点成功，他的“自我”就会让别人不舒服，他的存在让你感到压力，他的行为让你感到自卑，他的言论让你感到渺小，他的财富让你感到恶心，最后他的“自我”使别人无处藏身。李先生不一样，他要追求无我，建立自我的同时又要追求无我。这是一种生活的态度，对人生，对周围世界怎么相处。

请大家注意，李嘉诚在接人待物时所表现出来的谦虚态度就是一种学问了，这也可以列到精神财富的层面，而且这种精神会指引大家正确地做事做人。

老师能够引导学生，佛祖能够引导信徒，元首能够引导百姓，这都是精神层面的引导和引领。**爱和坚定的信仰是最高层面的引领力量。**佛祖拯救众生，这是一种爱的引导，是信徒们无法抗拒的力量。古代的唐僧、刘备，现代的革命党人和共产党人开创了一番伟大的事业，因为他们身上那种矢志不渝的信仰追求，这是一种对于目标的明确和坚定，从未动摇。

总之，要想掀起波澜壮阔的人生，你只有两条通道：

要么成为大师，要么成为领袖。

除此之外，别无出路。

无论你是大师还是领袖，你都是一个引导者。你所取得的全部成就，即四个字——引导众生。

引导力之轮

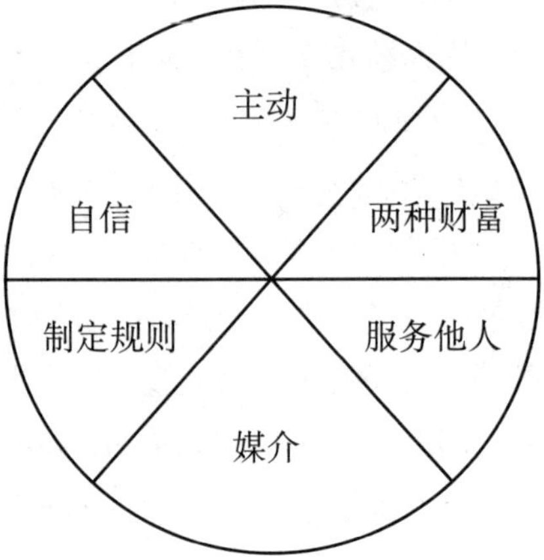

绝学12

人世间最大的完美是什么？

人世间最大的完美是什么

有一次，我在上海演讲，一位漂亮的外企女白领问我："一楠老师，你在全国演讲，认识的人比较多，能不能帮我找一个老公？"

我说："可以啊，说说你的标准吧。"

她就开始说：

"第一条、身高1.75米以上；

第二条、体重在75公斤以下；

第三条、老公必须要孝顺我的父母，可以给二老起到半个儿子的作用；

第四条，（这条离谱得可以，各位读者坐稳了我再说）第四条是——不能戴眼镜！"

……

如果我让她一直说下去，估计她可以"如滔滔江水绵绵不绝"地说到第二天午饭时分。

总之，她要找一个十全十美、不存在一丁点瑕疵的"超级、无敌、完美、好老公"。这种男人可不可能找到呢？也许有，但是至今我还没有见识过。

我跟她开玩笑说："你不喜欢戴眼镜的，岂不是把我这种戴眼镜的优秀男人给错过了？"

每个圣人都有过去，每个罪人都有未来。连圣人都不是完美的，连罪人都有他自身的亮点。可见世间的"美"和"丑"是随时随地动态转化的。

很多人要求拥有完美的爱人、完美的孩子、完美的家庭、完美的团队、完美的产品、完美的人生……，我们对周围所有的一切都要求完美，但是我想问：我们自己完美吗？世界上存在真正的“完美”吗？

一个人气颇高的歌手属于万千粉丝，就很难属于他的父母和恋人；

一个成功的企业家属于他的公司和事业，就很难属于他的妻子儿女；

一位日理万机的总理属于整个民族，就很难属于他自己的家族。

中国人说的“忠孝两全”说的就是这个道理：完美，不存在。

如果让你选自己的私人司机：一个出过车祸，另一个没有出过车祸？你选哪一个？要选那个出过车祸的司机。他处理危机时更有经验啊。事实上，缺点越大的人，背后的优点往往就越大。电视剧《亮剑》中独立团团长李云龙的脾气大吧，但是他的本事也大啊。

我的老师是在事业上非常成功的人，有一次他演讲的时候手机响了，周围的人说你把电话调成振动就不影响演讲了。老师说你帮我调，我不会调。我的老师是著名的企业家和演讲家，获得过联合国颁发的企业发展特别贡献奖，还是中国民营企业联盟的副主席，但是连手机的铃声都不会调，你看如此厉害的人也有不行的地方，但是他在在演讲方面已经出神入化、无人能敌了。

说得绝对一点，世界上不存在完美的人和物。“完美”二字，是对人类杀伤力最大的。既然世上不存在这样一种事物，你的所有期盼和努力都是浪费，所以，请从你的生命中删除这个词。

我认识一些管理咨询师，他们进入企业以后有一个“三板斧”，即对企业先进行“三否”：

一否老板：战略格局或错误，或迷失，或混乱，或短视；

二否高管：不懂管理，不重系统，不思进取，不善学习；

三否团队：素质低下，执行力差。

在这些咨询师的嘴里，如果这家企业不马上请他们来诊断把脉恐怕就要立马关门倒闭了。

而事实上，问题真有他们说的那么严重吗？大部分情况下，根本没有。也许一个微小的策略调整或者人员变动就可以解决问题。世上真存在完美无缺的企业吗？微软完美吗？Google完美吗？戴尔完美吗？索尼完美吗？丰田完美吗？联想完美吗？海尔完美吗？

问过这些问题，我想大家应该明白了，理想中的企业在现实中是不存在的，企业的完美境界是海市蜃楼。大家要看到的是，有多少企业都有着这样或者那样的不完美，但是又有多少企业在诸多的不完美中披荆斩棘，奋力前行……

我想告诉大家一件残酷的事情：**人世间最大的完美，就是残缺。**如果人人都完美了，那么大家活得也没啥意思了，干脆收拾收拾，去世算了。（笑）

同时，我想教给大家一样厉害的绝学，只有一句话：人世间最大的完美，就是残缺。对，你没有看错，就是这样的一句话。这句话教给我们：凡是遇到不完美的事情，不要沮丧、不要丧失希望，要立刻接受、包容，然后转化，化不利为有利，为我所用。

怎样面对不完美

应该怎样对待生活中的“不完美”呢？我在第二本书《嚣张奋斗》“第八个秘密”中讲到过这样一个小故事：

在日本，有一个贫困的年轻人去一家大公司求职。

老板说：“我们现在不缺人，你一个月后再来吧。”

他一个月后果然又来了。

老板说：“现在我有事，过几天再说吧。”

他过几天又来了，而且反复多次。

老板故意找茬，说：“你脏兮兮的我们不要。”于是，他借钱去买了新衣服。

老板说：“你不懂电器知识，我们不要。”两个月后，他学了足够的电器知识又来了。

最后，老板被感动了，说：“我干了几十年，第一次遇到像你这样有耐心和韧性的。”

年轻人终于被录取了。

他的名字叫松下幸之助。他创建的企业叫“松下电器”。

这是一个鼓励了我无数次的故事，它让我明白了，虽然我很差，但是当年的松下幸之助更差；虽然我很惨，但是当年的松下幸之助更惨；虽然我能力不行，但是当年的松下幸之助能力更不行。这样一个穷困、悲催、弱小的年轻人最后都成为日本经营之神，为什么我不可以？！我也可以试试！现在不完美怎么了？松下幸之助就是从最不完美的状态中起步的，他可以，我也可以！我的起点比他当年高多了！他的故事还告诉我：**这个世上，没有完美的人，只有一直自我成长、持续自我超越、不断自我演进的人。人生就是由无数个失败与极少数的成功交错组成的。失败不一定是成功的阻力，有时候可能是成功的助力。当你知道自己不完美的时候，恭喜你，你还有成长和超越的空间，前途无量！**

我又联想到中学时学过的一篇文言文。

蜀之鄙有二僧，其一贫，其一富。贫者语于富者曰：“吾欲之南海，何如？”富者曰：“子何恃而往？”曰：“吾一瓶一钵足矣。”富者曰：“吾数年来欲买舟而下，犹未能也。子何恃而往？”越明年，贫者自南海还，以告富者。富者有惭色。

（译文：四川的边境有两个和尚，其中一个贫穷，一个富有。穷和尚对富和尚说：“我想去南海朝佛，你看行吗？”富和尚说：“你凭着什么去？”穷和尚说：“我只要一个水瓶和一个钵就够了。”富和尚说：“我几年前就打算雇条船顺江而下，到现在还没去成，你凭着什么去？”到了第二年，穷和尚从南海朝佛回来了。他把自己的云游经过讲给富和尚听，富和尚听了，露出惭愧的脸色。）

富和尚条件完备反倒没有去成南海，而穷和尚一无所有，却完成了去南海朝佛的愿望。为什么呢？因为穷和尚采取了一种解决不完美问题的最完美的态度和行为——**一边干一边完善**。而富和尚却采取了等待的态度。边干边完善，哪怕每次完善的量是0.0001，也不要紧，最后终于有积累到标准的时候。最怕的就是等待条件完备，那么你每天的进步就是0，等待十年，进步还是0，梦想怎么会实现呢？

有的人总是想象自己彻底完全准备好了再去怎么样怎么样，这种思维不但错误，而且相当耽误人！拥有这种完美思维模式的人有可能终生等待完美的时刻出现而坐以待毙！完美的情绪和思维模式都是绝对要不得的！

高手，都是能够超越时空的人，可以随时随地超越时间、超越地域的限制。一般人都在等待春天，高手直接飞向春天。什么意思呢？高手不会有地界限制，他会直接在本地冬天的时候飞向季节是春天的地方。比如，你生活在哈尔滨，冬天冷得要死，你要做的不是整天猫在火炕上抱怨东北寒冷的冬天，而是买一张飞机票飞到海南三亚去享受夏日的阳光。以后大家做事时有任何限制，就想想穷和尚的故事吧，以他的条件可以实现的目标，以你的条件也一定可以实现。**能够随时随地超越时间和地域限制的人，才是生活和事业的高手。**

由此，我又联想到周围的朋友问了我无数次的问题，我身边有很多朋友是某些大型公司的职业经理人，他们非常看不起自己的老板，总觉得自己的老板啥也不是。今天，我就告诉大家老板和经理人之间的真正区别。

在大家的眼里，职业经理人要学历有学历，要经验有经验，要形象有形象，而老板都是一些土得掉渣的“土人”、“农民”，这一点我也承认，我认识的老板很多都是要形象没形象，要沟通能力没沟通能力，有个别老板连句整话都说不出来。可是，为什么前者给后者打工呢？二者的根本区别在哪里呢？

经理人可以让1变2，让2变3，而创始人完成的是从0到1的创造。从数值上看，差别很小，但在本质上却是天壤之别。

在我看来，老板最厉害的本事就是在不完美中敢于起步，在骂声一片中就敢干；而经理人总是在等待条件成熟，等待资金到位，等待人员到位，等待资源到位，等待合作方到位。能成为老板的人不管这些，手头有什么就用什么，先干起来再说。这就是二者最大的差别。

具备领袖思维的人都有一个特点，从现有资源起步，无论身边有什么条件都勇敢地起步。铁人王进喜说过一句著名的话：**有条件要上，没有条件创造条件也要上**！这句话是对领袖思维最好的概括，也是我们面对不完美时最应该采取的态度。就这一个本事，是所有员工和经理人无法超越老板的，老板最值钱的本事就是这个。

读到这里，我想各位朋友已经认同“人世间最大的完美，就是残缺”这句话确实是一句宝典，那么，我们怎样使用它呢？

有什么资源使用什么资源，先行动起来再说！手上有剑就使剑，有刀就使刀，有鸡毛掸子就使鸡毛掸子，有树枝就用树枝，总之有什么用什么就是了，管它是什么武器，先挥舞起来再说！对于高手而言，落叶飞花皆可伤人。

利用现有资源起步足够了，世界上永远不会有万事俱备！**什么时候你彻底丢弃了完美的思维模式，什么时候你就彻底成熟起来了。**

围绕这句话，我们应该做到如下五点：

第一、你永远不要想着把缺点全部改掉，只想着将优势发挥到极致就可以了。

从今往后，你要“只恨黑夜太长、只恨白天太短”地去做一件事。想再活500年，只做一件事。什么事？就是把你的优势发挥到极致！把这件事情做到极致！

拳王泰森

摇滚乐之王迈克尔·杰克逊说：“我就是上帝的乐器！”

拳王泰森说：“我就是胜利的化身，打不倒对方也要把他的耳朵咬破！”（笑）

迈克尔·乔丹说：“我是飞人，只要上了篮球场，我就要永远飞在其他9个人的头上！”

请问：以上这些人有没有缺点？

当然有！每个人的缺点一抓一大把。

但是他们的优点更加明显，他们没有把所有时间用在“改错”上，而用在了“发挥优势”上，对于他们来讲，只要把优势发挥到无人企及就够了，杰克逊是摇滚乐的代表，泰森是拳击的化身，乔丹是篮球的象征！世人只会记住他们的优点，谁关心他们有什么缺点呢？

第二、领袖永远不要希望员工完美，事实上他们也永远完美不

了，你只用他的强项就可以了。用员工，只用他的一项长处就行了。他的执行强就花钱买他的执行；他是注册会计师，就买他的财务审计能力；他会来事，就买他的沟通公关能力。其他的不用管，每个人都有弱点，哪个领袖敢说自己完美呢？

第三、产品不可能卖给所有人，想把产品卖给所有人的商人就是痴心妄想。同样，也不可能所有人都喜欢你，想让所有人都喜欢你的人也是痴心妄想。只要做自我，做真我，问心无愧就足够了。

第四、公司、学校、生活、事业是我们每一个人修炼的道场。我们每个人都是红尘中的一员，红尘中有各种各样的不足，同时也有各种各样让你满意的地方，关键是你的心态和视角。**你不是佛祖，你本人也不是完美的，所以你要在不完美的红尘中修炼不完美的自己。**一切都心平气和，一切都淡定从容。

第五、练习豁达和宽容，包容一切不完美。

清朝康熙年间有一位大学士张英，他老家的人与邻居因为宅基地的事吵了起来。家人觉得张英在京城为官，决不能这样吃亏，所以就写了一封信告发邻居，希望张英为家里出这口恶气。

张英看了来信之后，也回了一封信，信里是一首诗，只有四句话：

千里修书只为墙，让他三尺又何妨？
万里长城今犹在，不见当年秦始皇。

家人里看到这首诗，明白了张英的意思，也就没有再抓住这件事不放，用退让的态度化解了这件事。这位皇帝跟前的一品大员并没有觉得自己是高官而横行乡里，懂得退让，懂得在某种情况下“忍气吞声”，他绝对是一位看清红尘的高手，懂得世界上没有完美的事情，退一步海阔天空。试想，如果当年的张英接到来信，立刻把邻居严惩，也就不会有“张英让墙”的美谈了。

另外，还有五句话送给各位真诚的读者：

第一、再难也要坚持。

第二、再好也要淡泊。

第三、再差也要自信。

第四、再多也要节省。

第五、再冷也要热情。

要征服世界，必先征服自己的悲哀！

既然世界上最大的的完美是残缺，那么，我们怎样修炼自己呢？怎样在这个残缺的世界里快乐幸福地生活呢？请大家记住另一句话—— 要征服世界，必先征服自己的悲哀！这是教给大家化解劣势的一个重要态度。

好的东西，我们可以拿过来为我所用。但是面对世上如此多的残缺呢？怎么办？我们能不能用呢？

完全可以！**再坏的事情都可以成为我们崛起的阶梯。**

要征服世界，必先征服自己的悲哀！

将坏的事情拿过来转化，最后为我所用，用一个字来概括，叫做“化”。

如果说“用”是将一切好事、优点、营养、精华、亮点为我所用，那么“化”就是将一切坏事化为好事，一切缺点化为优点，一切不利因素化为有利因素。

李小龙怎样化解缺点

在海外华人中，有两位声誉最高的中国人，“第一毛泽东，第二李小龙”。足可见“功夫之王”李小龙对于影迷和功夫迷影响力十分巨大。但是，很少有人知道，李小龙练武是有先天缺陷的。首先，他是近视眼，必须戴隐形眼镜。对此，李小龙坦诚地说：“从小我就近视，所以我从咏春拳学起，因为它最适合贴身战斗。”其次，他的两脚不一样长，右脚比左脚短五寸，但也正因为如此，他左脚专事远踢、高踢，如狂风扫叶；右脚专事短促的阻击性踢法或隐蔽性踢法，近身发腿如发炮。同时，两腿的不一致使他摆出的格斗姿势优美别致，独具特色，成为一种武功流派的典型。李小龙曾经说：“我接受我的极限，毫无怨言。但是我可以把缺点转化成优点。”

化，就是从“无论好坏，一切为我所用”的角度出发，将一切不利因素拿来转化，最后变成对自己有利的因素，最终实现强大自我。

妻子的战争

举一个生活中的例子。

一部电视剧《蜗居》让小三这个独特的社会人群成为人们关注的焦点，的确，现在“小三现象”大行其道。现实生活中，小三们有钱花，有男人疼，有跑车开，有别墅住，过着神仙般的日子。一些贤惠的妻子家里家外忙活，却得不到丈夫的尊重和真爱，二者的生活简直是天壤之别。妻子们对小三们恨之入骨，恨不得诛之而后快。但是痛恨归痛恨，辱骂归辱骂，小三还是快乐似神仙，大家还是解决不了问题。

一位妻子说：“我要跟小三战斗、战斗、战斗！”这种说法心情可以理解，但是效果未必好，我送给全天下的贤妻良母们一句话：“与小三战斗，不如向小三学习！让自己开始使用小三的绝技。”

向小三学习，有没有搞错？对，你没有看错，我告诉大家：其实每一位小三都是身怀绝技，“武艺”超群的女人，否则男人们怎么会被她们迷得五迷三道的？我们必须承认小三们对男人来讲有如下优点：年轻、漂亮、风骚、会花钱、会撒娇、会疼人等等。

各位女性朋友：你们能做到年轻、漂亮、风骚、会花钱、会撒娇、会疼人吗？我想很少有人能够做到。台湾人曾经做过一个调查，把老婆和小三进行对比，对比了17项优势，老婆只赢了一项，就是会做家务。因此，老婆必须向小三学习其余的16项。

各位女性朋友，你们要使用“吸星大法”，消化小三，向小三学习，让丈夫更加爱你！请大家记住：现在是市场化时代，每个人都有自由选择产品的权利，人也是产品哦。只有能深层次理解你的丈夫，满足你丈夫的需求，他才会跟你走，才会依赖你。

我认识一位女企业家，曾经深受小三之害，她把自己关起来反省了好几天，决心挽回丈夫的心。她做出了一个令所有人都惊诧不已的决定：向小三和舞厅里的陪酒小姐学习！她冲到到歌厅找了10个陪酒小姐，每人给了500元，让每个人说三条吸引男人的方法。然后她逐一学习她们的“绝招”，将其全部消化掉，然后要求自己全部做到。后来，她的丈夫觉得自己的老婆简直换了一个人，人变得越来越美丽，越来越有气质，越来越迷人，很多男士都向她献殷勤。他就慌神了，他也重新对老婆倍加疼爱，两人的感情越来越好。

在这个案例中，小三是对妻子们不利的因素，但是那位有智慧的女企业家重新冷静地审视了这些因素，向对手学习以弥补自己的不足，从对手身上消化了优点，为自己所用，最终取得“完胜”，这就是“化不利为有利”的威力。每当你经历一次这样的“化”，你的能力和境界就会突破一分，经历十次“化”，能力和境界就会增长十分。长期这样，你就拥有了一种本能，所有生活中的不利对你来说都是“大利”，每遇到一次不利，你就获得了一次蜕变、成长和突破的机会。

高手的最高境界——化事

化，还有一种至高境界，就是“**学习对手的优点，同时将自己的优势最大化**”。即：将对手的优点拿来学习的同时，再将自己的优点无限放大，让自己在这方面无可替代。比如妻子学会了小三的优点以后，再把自己“会做家务”这一优势无限放大，将“留住丈夫的心，就是留住丈夫的胃”这一优势发挥得淋漓尽致，让丈夫即使在小三那里也时时想念你做的饕餮大餐，你就又赢了一层！赢上加赢！

今天，我送给大家两个字——化事，就是你要从遇到所有不利的事情中吸收能量，强大自我。有一个女孩子被公司开除了，普通女孩遇到这种情况会哭天抢地、怨天尤人；但是这个女孩没有这样，她联合起自己认识的所有失业的女性伙伴，开了一家职业介绍公司，专门帮助失业的女性找工作，面试，解答职场中的难题。十年后，她从一个失业女工变成一位成功的职场讲师和女企业家。这个女孩将以前的挫折转化成将来前进的动力，这就叫做“化事”。

我国著名作曲家贺绿汀1937年创作过一首著名的《游击队之歌》，其中有两句让我们印象深刻的歌词，完美地注解了“化不利为有利”的思维——**“没有吃，没有穿，自有那敌人送上前；没有枪，没有炮，敌人给我们造。”**游击队的生存环境比较恶劣，没有食物，没有武器，一穷二白，根本不具备打击敌人的条件，但是队员们不管这些，他们具有乐观、辩证的“化事”思维，没有食物就抢敌人的食物，没有武器弹药就在战场上俘获敌人先进的武器装备，他们将一切不利的情况统统转化为对自己有利的优势，从而赢得了最后的战争。这就是一种具有大智慧的“化”境。

贺绿汀（1903—1999）

当代著名音乐家、教育家，湖南邵阳人。1931年考入上海国立音乐专科学校。早年参加湖南农民运动和广州起义。先后任武昌艺术专科学校教员，明星影片公司音乐科科长、陕甘宁晋绥联防军政治部宣传队音乐教员、延安中央管弦乐团团长、华北文工团团长。半个世纪以来，贺绿汀共创作了三部大合唱、二十四首合唱、近百首歌曲、六首钢琴曲、六首管弦乐曲、十多部电影音乐以及一些秧歌剧音乐和器乐独奏曲，并著有《贺绿汀音乐论文选集》。

总结一下：

完美，不是这个世界的本质。

面对这个纷繁复杂、并不完美的大千世界，我们依然要生活，依然要工作，依然要快乐，依然要幸福。**在人生的每一个转折点，我们需要拥有的态度是——宁要不完美的改革，也不要不改革的危机。**

怎样在不完美中实现完美？改革！怎样实现改革？第一个字是“用”，第二个字是“化”。

请大家千万不要小看这两个字的威力，其中自有大乾坤，蕴藏着大智慧。如果你能悟透它们，那么你将会一日千里、突飞猛进，别人很难超越你。

用，就是将世间所有正面的、优秀的、先进的、强势的、科学的人和事为我所用，使用出来服务、造福更多的人。

化，就是将世间所有负面的、糟粕的、落后的、弱势的人和事统统化解，最终还是为我所用，使用出来依然为更多人服务、造福。

只要你掌握这两个字的秘诀，无论今后遇到好事还是坏事，遇到挫折还是幸运，对你来说都是有利的，都是可以为你所用的。记住：**好事可以拿来“用”，坏事可以拿来“化”**，做到这两点，你的事业何愁不辉煌？！你的生命何愁不腾飞？！

虽然世上最大的完美就是残缺，我们依然可以在这个残缺的世界上获得相对完美，只要我们的大脑和灵魂还在。

在文章快要结束的时候，跟各位朋友分享这样一段文字：

不论你多么富有，多么有权势，当生命结束之时，所有的一切都只能留在世界上，唯有灵魂跟着你走下一段旅程。人生不是一场物质的盛宴，而是一次灵魂的修炼，使它在谢幕之时比开幕之初更为高尚。

——稻盛和夫

读完稻盛和夫老先生的讲述，我认认真真思索了一下午，对“完美”的理解又有了新的转变。

世界上虽然没有完美无缺的物质，但是依然存在着完美无缺的精神。

如果，你真的想寻找完美无缺的事物，不用四处奔波。

其实，它就在你的体内，即——

你日渐高尚起来的灵魂。

绝学13

主动是天堂，被动是地狱！

先看生活中的两个小例子，小故事蕴含大道理。

我认识一位温州女老板，特别想成为某一个服装品牌的浙江省总代理，为此她持续努力了三年。每周三她会与服装公司的欧洲总部联系一次，为此她还专门雇了一个翻译帮她做这件事情。而且她每年两次飞往意大利考察，商谈合作事宜。三年后，她和她的公司在十几个竞争者当中脱颖而出，取得了品牌代理权。

还有一次，我坐飞机去重庆讲课，刚坐下，一个人就坐到我旁边，我一看认识他，是我培训过的一家公司的副总经理。他本来坐在我前面的位子，后来想让我帮他设计员工培训课程，就带着一个助理一起坐到我旁边。本来我在飞机上有睡觉的习惯，这下不好意思睡了，只能跟他聊天。后来，我不得不从非常紧凑的日程安排中挤出半天时间去他的公司培训。

这两件事情告诉我们什么道理？这让我更加强烈地意识到：**凡事要成功，必须主动出击！**

主动是天堂，被动是地狱。再小的事情，主动出击的结果也会远远优于被动挨打的结果。

如果你是英语专业毕业的学生，没有任何的工作经验，自己又特别想成为一名专业的翻译，怎么办？继续呆在家里啃老，还是主动走出家门去做一名金领翻译？如果你不想混日子，就应该这样做：

先**主动**去了解上海高翻考试、人事部高翻考试的具体情况，积极备考；然后**主动**上网查相关培训课程，课比三家，最后选定一家同传或者高翻培训班；再**主动**去一家翻译公司工作，在实践中培养翻译能力；最后**主动**去找省翻译协会，询问怎样才能成为协会会员。每一步都**主动**去做了，做到位了，你的翻译梦想怎会不实现呢？

你注意观察一下生活，一个人的财富是另外一个人的千万倍，绝不是前者比后者聪明千万倍，**而是前者主动行动的次数是后者的N倍。**主动行动一次造成的结果，就可能是千百倍的差别。**凡事都要先下手，先起步，主动行动，并且在最短的时间内要采取最大量的行动，这应该是你遵循的规则。**

男人的爱情只有——主动追求

来看一个大学时我追求爱情的故事，你们也许会更有兴趣。

从中学到大学我都是一个羞涩的少年，从来没有主动追求过女孩子。在上大学三年级之前，连女孩子的手都没有碰过，用兄弟们的话来说“再这样下去，我将从生理上到心理上全面变态”。他们嘲笑我说“从来没有见过如此纯情的男子”。

终于有一天，事情有了转机，否则，“纯情男子”将会成为我大学时代知名度最高的外号。

大三秋季开学，我去接新生，看到教室里有一位穿着黑色毛衣的女孩，扎着高高的马尾，皮肤白皙，尤其是那双大眼睛，像一汪荡漾的湖水，勾人魂魄。那一幕我永远不会忘记，很多年过去了，看到那个身影的一刹那仿佛发生在昨天一样，依然历历在目、清晰可见。当时的我一下子愣住了，这个女孩正是我的梦中情人的样子！私底下一打听，知道这个女孩姓吴，是来自于天堂一般美丽的城市——杭州。人们都说苏杭出美女，果然名不虚传。小吴同学刚来报到没多久就成为我们外语学院所有男生卧谈会上讨论的焦点，并被评为“院花”。

在大家都在讨论的时候，我一句话都没有说，因为我的内心太激动了。这一次，我确实动心了，总感觉有一种力量在翻涌：我要追她！

毫无恋爱经验的我就去问比我大一届的师哥怎么追求女孩子。师哥神秘兮兮地告诉我：追女孩子两种方法最奏效，第一种方法是送诗，第二种方法是送花。

于是我写了凭生第一首情诗《有一天》：

有一天
走过你的身边
有一种稀世的美丽 征服了我的心
也许 有一天
青春越走越远
沧海化为桑田
只有你的笑颜
与那个冬日的暖阳
在我心中珍藏
千年又千年

送给小吴同学以后，大家猜猜她有没有答应？

当然没有！如果单凭一首诗就可以追到一个女朋友的话，我就去城市最繁华的商业街撒诗！但是她说她确实被我感动了，而且以前没有男孩子给她送过诗。

于是，我继续送诗，希望能有一首可以彻底感动她，让她答应做我的女朋友。我总共送了39首自己亲手写的情诗。大家猜猜小吴同学有没有答应我？

还是没有！

这时候，我在小吴寝室中安插了一个内线，随时随地向我汇报她的一举一动（这一点很重要！）。我的内线告诉我，小吴喜欢花，宿舍中总是摆放着各种鲜花。

我明白了，送诗达不到目的，我就换成B方案——送花。

有一次一起吃饭的时候，我对小吴同学说："以后，哈尔滨下一次雪，我就送你一次花；下一次雪，我就送你一次花，送到你答应我为止！"大家想想，那可是哈尔滨啊，自从我说了这句话之后，天天下雪，一个月下了27次雪，我也送了27次花，那个月差一点我就破产了。

记得第27次送花那天，整个白天都没有下雪，到了夜里开始下鹅毛大雪。当时宿舍的大门已经关了，走正门是出不去了。但是答应姑娘的话决不能不兑现，我被逼无奈，狠狠心咬咬牙，从窗户跳了出去（当时我们住在一楼）。

出来以后大街上所有的商店、花店都关门了，去哪里买花呢？一般人这时候又放弃了，可是我没有！我就到处溜达，走到一家酒吧门前时，我就进去问人家酒吧里的花篮卖不卖，结果没有一家愿意卖给我。最后走过一家酒吧，我抱着试试看的态度小心翼翼地走进去问，老板娘在，我就把自己美丽的爱情故事讲给她听，结果把她感动得稀里哗啦。她说："你是一个好小伙子，我这里的花篮任你挑，我不要你的钱。"我是一个很谦虚的人，于是就挑了一个最大的花篮，里面有99朵红艳艳的玫瑰花。

当我手捧红玫瑰走在雪中的时候，心里有一种温暖的感觉：为了爱情，我已经竭尽全力！

我把花送到看女生宿舍门的老大妈那里，把她老人家乐坏了。我赶忙说："大娘，这花不是送给你的。"大娘的脸立刻阴沉了，问："送给谁的？"我说："这花是送给3楼312室的小吴同学的。"大娘说："你回去吧，现在已经是夜里一点了，不能放任何男生进入女生宿舍。"我没办法，就赖着不走，死缠烂打，让大娘无论如何帮我这个忙。

最后大娘是在拗不过我，就勉强答应了。

下面是大娘帮我送花的过程，是她自己的亲口描述，一字未改：

我走到312门口，把花放下，就敲了一会门，喊了几句："送花的！"就躲在楼梯拐角偷偷观察将要发生的事情。一个女生穿着睡衣慢慢打开门，看到了放在地上的99朵红玫瑰，从花丛中拿起一张卡片，上面写着两句话。（这两句是我后来告诉大娘的，当时她离得远没有看清卡片上的字）

第一句：小吴，对你来讲，最大的幸福，莫过于遇到一个一个月送了你27次花的傻小子。

第二句：世界上最动人的三个字不是“我爱你”，而是“在一起”！

然后，我看到的情景就可以用四个字来形容：失声痛哭！

女孩站在走廊上大声地哭，而且喊着三个字：“张一楠！”“张一楠！”

第二天，小吴同学就成为我的女朋友。每次我和她在校园里散步的时候，曾经喜欢小吴同学的几个傻哥们都恨得龇牙咧嘴，我就吹着口哨从他们身边一笑而过。

故事讲完了，校花成为青涩少年的女朋友，这个故事中包含的成功规律需不需要抽取出来指导我们的事业呢？

完全需要！

作为当事人，我反思了一下，这次爱情追逐战的成功只取决于两个字——主动。

送花，是对待爱情的一种主动

当我第一见到小吴的时候，立刻去找师哥请教他怎么追女生，这是第一次主动出击；

第一次写诗、送诗，也是主动出击；

第一次送诗求爱未遂，紧接着送了几十首诗，还是主动出击；

安排内线，随时随地取得最新情报，也是主动出击；

一个月送了27次花，每次送完我都不知道结果如何，但是等到下雪的时候，我依然主动出击；

凌晨，女生宿舍门关了，我没有放弃，死缠烂打请求看门大妈替我送花，还是主动出击！

整个过程的每一次行动都是遭遇了失败，但是失败后随之而来的是我一次又一次的主动出击，永不停歇……最后，就成了。

小吴同学对我再没有感觉也架不住我一而再、再而三的发动攻势。同时，遭受对方几十次的拒绝，我心里也不是不难受，但是我可以化悲痛为力量，遭拒后就当没有发生过任何事情，重新发起新一轮的追求。

最后，我赢了！我赢在了四个字——**主动出击！主动，可以促使事情发生！每个步骤的主动，会汇集成最终的胜利。**

普通人输在“被生活”

对于大多数人来说，被动的生活已经变成了生活的一种行为无意识，我们像牛一样被各种各样的事情牵着鼻子向前走或原地转圈子，但由于被牵的太久了就忘了我们是被牵着鼻子在生活，有时候不被牵着还感觉不舒服。比如，我们每天晚上的大部分时间都被电视机所消灭了，我们打开电视不断地换着频道，很少能看到实实在在的有意义的节目，一晚上的宝贵时间就这样被浪费掉了，到最后很多人都得了电视被动症，在电视上学不到任何东西，离开了电视又活不下去。假如有一天晚上突然停电没法看电视了，我们就会像没了魂的幽灵，整个晚上晃来晃去不知所措。英语中有一个词用得很形象，把对人没好处但又能牵着人的鼻子走的东西叫“hooked on”， 意思是被钩住了，就像一头猪被钩住了，那离被屠宰的时间就不远了。

我有一个朋友，开了一家小小的公司，忙得不亦乐乎。我观察了他一天，发现他忙了一天所做的事情几乎没有一件是和公司未来的发展有关的，他的公司既没有战略规划，也没有近期要实施的目标，由于胸中没有雄心壮志，所以他只能以琐事来填补自己每天的空白，被无用的事情牵着鼻子走。当一个人进入这种状态时，他的生活实际上已经完全被动化了，再想把公司做大几乎已经不可能了。

从2009年开始，“被”字十分走红。

一个婴儿呱呱坠地后，长到几岁就会被父母送去各种培训班“被教育”；

高考时无权选择自己钟爱的专业，只能“被专业”；

大学毕业以后，就业前景暗淡，只能委曲求全“被就业”；

工作没几年就要在父母压力和世俗眼光的威逼下“被相亲”、“被结婚”，从此开始自己平庸的一生。

一个“被”字的危害何其之大！

人之所以被动，主要原因是心中没有真正重大的事情和远大的目标。一个没有航向的人是最容易随波逐流的人，也是最容易被各种琐碎的事情诱惑的人。

大家知道菜鸟和牛人的区别吗？

菜鸟，等待事情发生；牛人，促使事情发生。

二者的主要区别就是——遇事是否主动！

美国GMAT考试的命题思维

在美国工商管理学院的入学能力测试GMAT考试中，语法考试有一个特点，就是主动语态和被动语态的对错考试。

在一般的英语语法中，主动语态和被动语态都被认为是正确的表达，但在GMAT考试中，假如一句话能用主动语态来表达而用了被动语态，就算是绝对的错误。比如“这个问题被我搞定了！”，这种说法是不会获得高分的，一定要说成“我把这个问题搞定了！”才符合出题者意图。

这种考试中对主、被动语态的敏感区别，背后隐藏了一个重大的命题，就是参加考试的人面对所发生的事情是用主动思维还是被动思维的区别。一个习惯于被动思维的人会不自觉地用被动的方式来回答问题，而一个拥有主动思维的人则时刻会考虑主动解决问题。**凡是拥有主动心态的人，都比较容易成为出色的管理者。**所以GMAT考的不是纯粹的语法问题，而是在语法背后隐藏的一个人的心态问题。

主动心态的背后是一个人行动力的体现。所有行业里一等一的高手都是促使事情发生，并按照自己的意图去推进。而普通人都是在坐等机会的降临，如果机会没有降临，他们只是抱怨运气不好，并不会过度沮丧，因为自己没有行动过，也没有投入过，也就没有任何损失。如果每件事情，都不行动，不投入，也就习惯了失败的结果，遇到事情也就失去了“主动促使它发生”的强烈企图心，这种人也就逐渐沦为一个普通人。

主动“劫持”杨致远

主动，就是事事制造先机，促使事情发生。

让我们先从小事做起，跟大家分享一个“主动出击、结识牛人”的小窍门。

如果你乘坐飞机晚点或者临时调整时间，不得不在机场宾馆休息一夜，你会怎么做？大部分人会投诉、抱怨、辱骂航空公司，这时候就是你留心观察、发现牛人的时候了。牛人都是见多识广的人，飞机晚点对他来说都不是事儿。他绝不会像其他乘客一样暴跳如雷，他会静静坐在一个角落，闭目养神。这个人就是你要主动结识的人。上去对他说：“先生，你好，航班延误，明天才能起飞，我想跟您一个房间住，您愿意吗？”如果你的形象和谈吐不是太猥琐，牛人一般不会拒绝你。这时候你就可以有8个小时以上的与牛人近距离接触的机会。与牛人的这次彻夜长谈有可能彻底改变你的一生。

所以，要结识牛人，你要明白一点：主动与陌生人同居！（仅限同性之间哦，否则性质就不同了）主动结识陌生人的次数多了，就会练就你抓住机遇的能力。

下面故事中的年轻人就是靠主动“劫持”美国互联网富豪从而练就了一身的结交人脉的本领。

杨致远 华裔美国人，互联网公司雅虎（Yahoo!）创始人，前首席执行官。1994年4月，与戴维·费洛共同创立Yahoo!，因此杨致远被称为“世纪网络第一人”，开启了人类的网络时代。

高燃是一位80后企业家，MySee创始人，现任海川传媒总裁，此人在24岁时就成为中国最年轻的亿万富翁。你会问：这小子是怎么做到的？很简单，这个世界上不存在幸运儿，所有所谓的“幸运”都是主动者自己创造出来的，无一例外。

据我观察，所有成功者都有胆大、心细、主动出手的秉性。高燃就是靠这一点成功的。

有一件事情足以说明高燃主动出击的强烈愿望和强悍行动力。

美籍华人杨致远曾是《财富》杂志富豪排行榜中的网络富豪，当时身价80多个亿。当年的高燃还是一名一无所有的学生，但是他敢找杨致远谈判，不但见到了他而且还让杨认真看了自己的商业计划书。一个穷学生是怎么见到美国顶级富豪的呢？四个字——主动出击！

有一次，杨致远和雅虎的CEO塞梅尔参加记者招待会。中午吃饭的时候，杨致远和塞梅尔去一楼餐厅吃饭。这时候塞梅尔遇到了记者的采访，杨致远就按住电梯按钮等他。高燃抓住机会冲过去，说：“电梯我来扶吧”。等杨致远进入电梯，说时迟那时快，高燃一下就随便按了一个电梯按钮，然后电梯门就关了。杨致远惊恐地问：“你要干什么？”高燃马上说：“对不起，我不是劫匪，我是一名创业者，您是我从小崇拜的创业英雄，我这里有一份商业计划书，您看一下，我们有没有合作的机会。”

杨致远悬着的心一下子放了下来，在电梯从1楼到6楼再从6楼回到1楼的两三分钟里，他认真看了一下商业计划书，并给高燃留了名片，说：“以后有机会我们可以坐下来详谈。”

这就是高燃第一次寻找投资的过程，虽然最后没有与杨致远合作，但是这次主动出击“劫持”杨致远的故事给他自己也给跟随他的员工无限信心。**所谓“弱者等待时机，强者创造时机”。等待和创造的唯一区别就在于你是否主动出击。**主要有积极主动的心态在，任何事情都可能按照你预想的那样推进。

老板比职业经理人强在哪？

我在十年的职场生涯中发现一个问题，职业经理人和老板都会管理，而且有时候不相仲伯，那么二者之间最大的区别在哪呢？现在我可以负责任地告诉大家：**经理人只是能够把发生的事情处理好，而老板可以主动促使事情发生，并能让事情不间断地持续下去。**

主动，要求我们拥有一种积极的心态，我们天天喊着要改变生活，要取得成功，但一个被动者是不可能改变自己的命运的。当你发现自己陷在一种无能为力的生活境地时，你首先要有勇气走出这种生活，而走出这种生活又需要你放弃原来的既得利益和习惯。人最坏的习惯之一就是抱住已经拥有的东西不放，其实一个人只要舍得放下自己的那点小天地，就很容易走进宇宙的大世界。

这个世界为你准备的精彩很多。同样都是人，有的人一辈子活得充满快乐、惊喜和收获，而有的人却活得充满平庸、无聊和失败。究其原因，主动拥抱生活和被动接受命运是这两种人的分水岭。

请记住：你唯一不应该有的“主动”是“不应该主动回避生活的精彩”。

约翰·洛克菲勒（1839年7月8日—1937年5月23日）美国实业家，慈善家，以革命了石油工业与塑造现代慈善的企业化结构而闻名。1870年他创立了“标准石油”，在全盛期他垄断了全美90%的石油市场，成为美国第一位十亿富豪与全球首富。他也普遍被视为人类近代史上的首富，财富总值折合今日之3000亿美元以上。

美国石油大亨约翰·洛克菲勒在写给儿子的信中说：

“缺乏行动的人大都很天真，喜欢坐等事情自然发生。他们天真地以为，别人会关心他们的事。事实上，除了自己以外，别人对他们不大感兴趣，人们只对自己的事情感兴趣。例如一桩生意，我们获利比重越高，就要越主动采取行动，因为成败与别人的关系不大，他们不会在乎的。这时候，我们最好把它推一把，如果我们怠惰、退缩，坐等别人采取主动来推动事情的话，结果必定会令人失望。**一个人只有自己依靠自己，他才不会让自己失望，并能增加自己控制命运的机会。聪明人只会去促使事情发生。**”

绝学14

主动，就是促使事情发生！

怎样拜世界一流人士为师？

怎样才能利用“主动”这一武器完成你的目标呢？哪怕这个目标是难以企及的。

我用一个场景来说明。

假如你的理想是：成为世界一等一的企业家，而世界顶尖企业家的核心秘笈就是——营销。我想问：你作为一个对营销一无所知的超级菜鸟，怎样才能学会营销呢？

我在“励志大师”系列的前两本书里早就反复强调过：**从菜鸟到大师的距离就是练习，如果你要加速成功，缩短练习时间的方式只有一种——有老师指引。因此，你要做的第一件事情是——拜师**。现在，请你先认真回答如下五个问题：

第一、你的师父是谁？

第二、他在哪里？

第三、怎样找到他？

第四、怎么才能说服他收你为徒？

第五、怎样才能让自己变得像他一样强大？

掌握营销技术需要向谁学习呢？美国是全世界最强大的国家之一，很多优秀的企业和企业家都在美国，一等一的商学院也在那里，所以要想学习与“营销”有关的知识一定要向美国的企业和企业家学习。

通过信息收集、请教、询问，你知道了老H是美国的传奇人物，他通过一封350个单词的销售信创造了1.78亿美元的销售纪录，他一生创造了100亿美元的销售业绩。不向他学向谁学呢？

在去之前一定要有最少一年的基础知识学习，这一年你必须“魔鬼地狱式”地训练自己。一年后，你已经对营销有了系统全面的认识，可以去美国了。

可是，问题来了。美国在万里之外，没钱怎么去？

我的回答是：借钱也得去。很多普通家庭的父母为了让孩子出国留学，借钱供他们出国，这样的决心可以用来去读大学，也可以用来去学习任何其他技术，比如营销。

借钱去了美国，不会英文怎么办？自己学习英语或者找翻译帮你。请你记住：**借口永远不可能与成功住在同一个屋檐下，选择成功就不要有借口，选择借口就不要成天想着成功！**

菲利普·科特勒　生于1931年，是现代营销集大成者，被誉为“现代营销学之父”，现任西北大学凯洛格管理学院终身教授，具有麻省理工大学的博士、哈佛大学博士后、及苏黎世大学等其它8所大学的荣誉博士学位。

现在你学会了简单的营销知识，借钱来到了美国，更大的问题又来了！

老H是营销鬼才，全世界想拜他为师的人足足有一个团，大多数人都没有拜师成功。为什么？大家从电视上看到过，武林中的功夫大师都是隐世寡居，性格孤僻、怪异，从不轻易收徒，怎么办？

当大家要解决“与人打交道”的问题时，一定要记得使用一把万能钥匙——人性。老H营销技术再NB，性格再怪异，他也是人，是人就具有人的性格和心理，只要摸透他的心理，就找到了解决问题的切入点。

美国有两大营销学派，一是学术派，以“现代营销学之父”科特勒为代表；一是实战派，以老H为代表。两大派别各做各的事，从不联系，从不沟通，甚至相互鄙视对方，驳斥对方。知道了这个“敌对”状态，事情就好办了。

给老H打个电话吧，话术这样设计：

“嗨！你好，我是某某某，来自于遥远的中国。十年来我一直研究营销学，听说美国商学院的营销学研究成果引领世界，我不远万里来到美国的大学学习。我原以为这些最前沿的营销理论可以解决很多企业的产品销售问题。谁知道我发现我学的东西毫无用处，我非常痛苦，同时也非常愤怒，我该怎么办呢？”

说完，你可以停下来喘口气，屏住呼吸听老H的答复。让你出乎意料的会是这样的结果：老H听完之后非常兴奋，说：“真的？那你过来，我给你纠正一下！”

到此为止，你就完成了拜师的前四步。（第一、你的师父是谁？第二、他在哪里？第三、怎样找到他？第四、怎么才能说服他收你为徒？）

在大师身边学习到底有什么与众不同呢？

大师之所以成为大师，原因无非有四个：

一、对自己的专业极度痴迷；

二、强悍的意志力；

三、严格的自我练习。

四、做到前三点，并持续一生。

如果你想一步一步走近大师，就做好这四方面的准备吧。

老H会给你一个任务：写一封销售信。

为了得到老师的首次肯定，你可能绞尽脑汁，花了三天时间写出一封你觉得登峰造极的销售信，满怀欢喜地希望得到老师的赞扬。没想到他瞟了一眼就把这封信扔到你的脸上说：“亏你好意思说自己是做营销的，还说自己是营销高手？”你没有办法，只好重写。

三天后，你觉得写得足够完美了，再次提交作业，他又扔到你脸上说：“难道你没有脑子吗？没有丝毫的进步！”

就这样，一封简简单的销售信被“折腾+蹂躏”了18遍，你从拜师开始几个月时间里就只写一封信，可谓“十年磨一剑”。这封信最终也会成为一封经典版本。正是老师强迫你“字斟句酌”地练习，正是老师逼迫你进行前17次的修改，你才最终学会了写销售信的终极秘密。

回顾一下整个拜师过程，你就会发现“主动”的可怕力量——

最初不懂营销，怎么办？——主动去拜师。

不知道谁是营销大师，怎么办？——主动咨询、请教、收集信息查询。

没有去拜师的学费和路费，怎么办？——主动去借钱。

老师不收自己，怎么办？——主动用“人性”万能钥匙设计话术，打电话给老师并说服他。

拜师后学不会，怎么办？——主动用强悍的意志和一遍又一遍重复的练习来学习技术，最后百炼成钢。

在这个过程中，最初的你只有一个学习营销的模糊梦想，根本不知道从何学起，但是后来你找到了一个成功通道，就是**“切入点+主动出击”，一次次找到切入点，一次次主动出击。**就这样，通过主动，一步步将这个梦想变得日益清晰；就这样，通过主动，你日益接近梦想，最终完美实现。

靠着一次又一次的主动出击，你终将成为一代宗师，享有与你的老师同样的声誉和财富。千万不要怕抢了老师的风头，什么才是真正的师道？**崇拜老师的最高境界就是“超越师”！而超越师的所有秘密就在于四个字——主动出击！**

成为这四种主动者

主动，不是无缘无故的，是有原因、有方法的。

你会问：什么样的人是主动者？我们应该怎样向他们学习主动呢？

听我慢慢讲——

第一，眼光毒者，会主动。

你要修炼鹰眼一般敏锐的目光，瞄准一件事，在它处于萌芽期时就起步。

主动的一个显著特点，就是心动后马上行动。这里最重要的就是时机，就是时间节点，最好在事情处于萌芽期时，只有一点点苗头的

时候，你就下手。

我有一位朋友是讲考研课程的，一开始碌碌无名。后来成为全国知名的老师，就得益于他在一件事情上的积极主动。

几年前博客盛行的时候，他的博客点击量从少得可怜到一下子超过百万，一个小小的考研老师是怎么做到的呢？

秘诀就是他总抢在全国所有考研老师的前头写出“《考研大纲》解读”，公布在博客上。每年考研的同学最关心的就是考研大纲有什么变化，他们好以此来及时调整自己的复习计划，《大纲》解读是学生复习备考的GPS（定位仪）。因此，这位同事在每年《考研大纲》出来后，第一时间在自己的博客上写出大纲解读，供广大学员参考，无数学员都在文章下方回复，评价他写大纲解析的时间好及时啊！

这就是一个普普通通的考研老师博客点击率过百万的秘诀，很简单，**把握好最早的时间节点，马上行动！**

在一个董事长培训班上，一个老板介绍自己时说，我是卖鸡的，我的鸡做得特别好吃，好吃得让你难以想象。同学们都不相信，这个老板马上让助理从公司带来十只，让助教煮熟，分给大家品尝，这个班上立刻就有人想要买鸡带回去给家人品尝。这也是一个立刻行动、主动行动的例子。

第二、追梦者，会主动。

昨天，我刚刚结识一位企业家，他邀请我去他的企业为员工、经理和总监们演讲，一天内，我们就成为无话不谈的朋友，并开始合作一些项目。这位朋友是80后，今年31岁，年纪轻轻就成为全国多个省山东商会的副会长或者理事长，而且他在学习机的生产和销售领域中白手起家，现在在全国的销售业绩排在第二名，正带领着数百名员工一起创业打拼。

他是一个典型的疯狂行动派，因为出身于草根，他最大的梦想就是挣钱养家。十年前，他给一家企业打工时，这家企业的老板去做销售，一天能跑一个县，这已经是公司里的最高纪录了。而我这位朋友一天可以跑3-4个县！我算了一下，这种效率就等于：上午在一个县搞定第一家客户，中午赶到另外一个县搞定第二家客户，下午下班前赶到第三个县搞定第三或者第四家客户！晚上还要赶到第四个县住下，准备第二天的拜访。大家想想，在中国，县与县之间有较长时间的车程，他能这样不知疲倦地坐着长途车去跑客户，可想而知当时他梦想的动力有多么巨大！难怪连他当时的老板都自愧不如，预测他今后必成大器！他的成就，起源于创富成功的梦想。

目标和梦想会让你不知不觉地想去行动。大家看“中国达人秀”的舞台上，有几个草根老百姓是被戴上手铐押上去的？没有！没人逼他们去表演，都是他们自愿上台的，因为那个舞台上承载着他们一生的梦想。对他们来说，梦想就是最大的行动力！

第三、看到大势者，会主动。

二十年前，黄鸣到德国看到太阳能热水器，隐约感觉到太阳能将会成为将来世界能源的主流，就开始研发太阳能。他把一天24小时分成三段：第一段8个小时上班，第二段8个小时研究太阳能，第三段8个小时休息。为了推广普及太阳能知识，他还在周六日到游乐园门口做太阳能实验，让小朋友和家长都来了解让他梦萦魂牵、如痴如醉的太阳能。现在，黄鸣在自己的家乡山东德州建起了一座太阳谷，同时开发了以太阳能为主要能源方式的房地产，成就了事业的辉煌。我觉得，黄鸣不但是一位成功的企业家，更是一位可以提前N年看到社会大趋势的智者。

第四、看到大回报者，会主动。

即：当你做的事情会产生巨大的回报、成就感和幸福感，你就会主动行动。当年年少的我追求心爱的女孩子，因为我知道前方有爱情的甜蜜等待着我。所有的企业家在一穷二白的情况下起步创业，因为他们期待着创业后可以享受财富和成功。我喜欢一位摇滚歌手汪峰，喜欢听他唱的《在春天里》、《飞得更高》、《存在》等经典作品。我相信，当年汪峰之所以创作这些歌曲，也不是被别人逼着写的，力量主要来自于创作时的快乐体验，来自于“千万歌迷传唱自己的歌曲”这种巨大的成就感。

另外，我很多资金投资在北京、上海、广州、西安等学习企业管理课程，没有人强迫我这样做，我是自己心甘情愿去听课的。因为一旦掌握了先进的、世界级的企业运营经验，我会收获成功经营企业的快乐、优质的人脉以及可观的经济回报。

如果你主动做事的次数多了，就会形成主动做事的习惯，同时积累巨大的自信，以后你就可以做到遇事无牵绊，主动出击！

你可以注意观察一下，如果你周围有一个年轻人事业比较成功，一定是因为他在与你同样的时间里（同样是每天24小时），做了更多的、更关键的、更有魄力的事情，而这是因为他会时间管理，**时间管理最牛的人都有一个共同的杀手锏，就是凡事马上行动！只有凡事马上行动，才能把握做事的最佳节奏，取得先机，先人一步比努力十倍都管用！**

主动的最高境界——主动示好

主动，在做人方面，完全可以上升到品格和道德的层面，即：对人主动，随时随地主动示好，让对手变成朋友。

如果你的上司实在看你不顺眼，我问你，怎么办？

有的人说，老子辞职！No，No，No，换一家公司，老板可能还是不喜欢你，这绝不是上策，因为你还没有明白主动的诀窍。

要改善你与上司的关系，只有一条，就是主动示好。

第一、主动呈现你不可替代的价值。

首先，你要拼命干好自己那摊事，拼命提升业绩。其次，你要开发出一种核心技能，让自己的专业价值光芒万丈。你在这个专业的牛B程度必须让你的威望如日中天，在江湖中无人能及，让所有同行望而生畏，就像世界上所有女乒运动员听到“邓亚萍”的名字，就像华北平原上的日本鬼子听到“李向阳”的名字一样吓得魂飞魄散。

第二、每天向上司示好。

怎么做呢？不管他脸色如何，时时请示+汇报，事事请示+汇报，总之一个原则：遇到事情就请示+汇报，主动呈现自己的下属角色，让这种角色越来越明显，主动表示你对上司他老人家的佩服如滔滔江水，绵绵不绝。

第三、主动向群众示好。

群众基础，是考核官员的重要指标，也是衡量职业经理人晋升速度的因素。**被公司录取靠智商，被老板提拔靠情商。**先跟群众打成一片，再与公司中高层搞好关系，让老板满耳朵听到的都是你的好。

按照我的“主动示好大法”去修炼职场生涯吧，时间久了，你再看看老板怎么对你。

宽容，是最大的主动

恺撒大帝　罗马共和国末期杰出的军事统帅、政治家。公元前60年与庞培、克拉苏秘密结成前三巨头同盟，随后出任高卢总督，花了八年时间征服了高卢全境（大约是现在的法国），还袭击了日耳曼和不列颠。前49年，他率军占领罗马，打败庞培，集大权于一身，实行独裁统治。

从小处讲，女孩子示弱也是一种主动。女孩子跟男朋友吵架，一定要跑到一个男朋友可以找得到的地方。当他出现时，女孩最好弱弱地说一句：“我在这呢。”这样一定吵不起来。

从大处讲，宽容他人，是最大的主动。古罗马的凯撒在得知自己的妻子和一个政治家通奸后，并未发作，虽然以他的权势、地位完全可以让那个人无声无息地消失。他与自己的妻子离了婚，并在后来重用了那个与他妻子通奸的人。

这是99.9999%的普通人理解不了的做法，被人戴了绿帽子还像没事一样，真是气炸了心肺！这就是一个帝王完全异于常人的强者思维。凯撒不是弱者，更不是白痴，他是一个有着很强的权力欲望的人，他之所以能够不理会自己妻子的背叛行为，是因为他对自己的地位和威望有着极强的自信，他胸怀天下而不是只想着常人的儿女情长。

请大家相信：宽容，从来都不是软弱，而是一种强者的主动。所以，从对手到战友的转化，只在你主动示好、主动宽容他的一瞬间。

懂得了这一点，在公司中你就可以主动争取更多人的支持，从而牢牢掌握工作的主动权，更加顺利。

举一个我个人“主动示好”的例子。

在我出版了《凶猛成长》、《嚣张奋斗》两本励志书以后，有些同事前来要书。我将这两本书送给了公司里每一位中高层，有一位平时不太支持我工作的经理，我在给他的书的扉页上写道：“赠予哥们XXX，祝你幸福、健康、快乐！兄弟：张一楠。”我把“兄弟”二字写得很大，就是要让对方看到我的胸襟：你可以不支持我的工作，可以给我的工作捣乱，甚至在我背后打黑枪、放冷箭，没有关系，我不跟你计较，我依然把你当作兄弟。**如果你跟他计较，你就跟他在一个水准上；如果你宽容他，你就立刻在人格上高他一等。**你听说过佛祖释迦摩尼、耶稣、甘地、马丁·路德·金这样的人物站在路中央叉着腰、粗着脖子与他们的反对者指着鼻子骂街吗？

我的偶像毛泽东是伟大的人民领袖，但是他也是草根百姓出身，怎么就成为了如此伟大的人物？大家不知道，他在党内领导地位的确立并不是一帆风顺的，而是源于一次微不足道的主动示好。

在红军过草地期间，是这支革命力量最弱小的时候，随时都可能被敌人轻而易举地消灭。这时的毛泽东生病躺在担架上，他对党和红军的前途极为担忧。后来他找到当时与他关系不是太好的王稼祥**（找关系不好的人倾诉，这就是一种勇敢的主动）**坦率地表达自己的态度，而且表示应该把执行错误领导的李德等人“轰”下台！两人在担架上谈得很投机，还商量召开政治局会议。后来，毛泽东又主动找到周恩来阐明自己的党内整顿思路和军事行动方案，周恩来都非常认同。

王稼祥（1906年－1974年） 伟大的马克思主义者，杰出的无产阶级革命家，中国共产党和中国人民解放军的卓越领导人，中国共产党和新中国对外工作的开拓者之一。

经过王稼祥的积极努力联络，多数领导人都赞同召开一次会议，解决军事领导问题。1935年1月，在遵义召开的中共中央政治局扩大会议上，王稼祥第一个在会上提出应由毛泽东来领导红军。在绝大多数同志的拥护下，会议改选了领导，毛泽东成为政治局常委。此后多年来，毛泽东一再称赞王稼祥的“关键一票”。其实，这关键的一票正是当年毛泽东与王稼祥的真诚长谈换来的。

主动示好，展现领导能力，这是一种让人拍案叫绝、炉火纯青的政治智慧。如果没有当年毛泽东与王、周二人在担架上的重要谈话，也许中国的革命局面会是另外一个样子。

一个成熟的管理者必须懂得“政治”二字，什么是“政治”？

一句话概括：让支持我们的越来越多，让反对我们的越来越少。

你又不会魔法，人们不会自觉地来支持你，反对别人，让更多人支持你的方法只有一个——主动争取。就是主动示好，主动帮助他人，为别人服务，“全心全意为人民服务”就是一种主动示好，是一种利人利己的大智慧。如果大部分群众被你争取过来，但是还有些中间派摇摆不定，对于这些人我们的态度是——更要主动争取。抗战时期的民主党派总是在观望：到底应该拥护国民党还是支持共产党？最后，共产党的“统一战线”政策争取到了处于中立立场的民主党派，从而赢得了更多人的支持。

宽容，绝对是一种强势文化；嫉妒，就是一种小肚鸡肠。因为你觉得对方比你优秀，你不如他，才会羡慕嫉妒恨。**主动示好，是一个人宽容的象征，同时是一个人强大的表现。**对方会被你的主动示好而感动，被你的宽广胸怀瞬间融化。

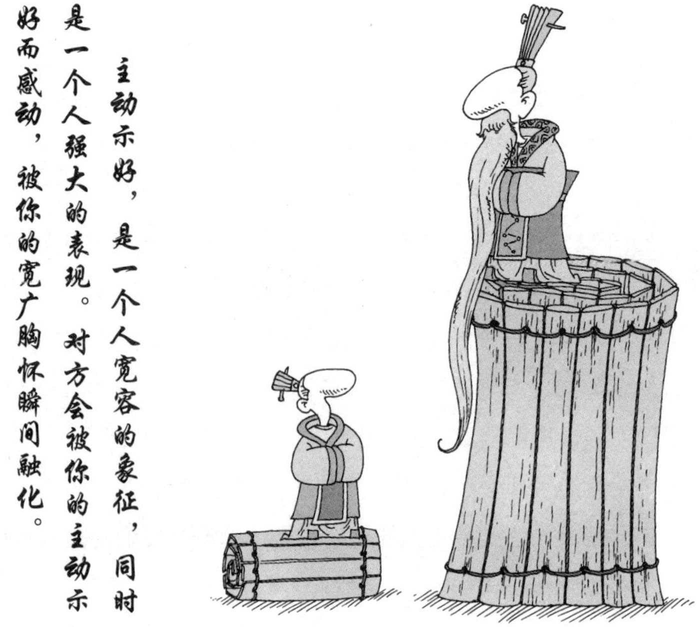

绝学15

每位姑娘，都是一条汉子！

注：这篇文章献给年轻的女孩子们。

现在的社会非常浮躁，很多人都沉不住气，无论是对待工作还是生活，不管是对待爱情还是友情。

耐心，似乎成了一种稀缺的品质。

有些女孩子的“浮躁症”尤其严重，会“经常性”沉不住气：

看见寝室里的姐妹与男朋友去看电影，她就沉不住气了；

看见隔壁班同学倾巢出动去KTV狂欢Happy，她又沉不住气了；

看见好朋友小丽在宿舍宅了几天，每天上网聊天，不亦乐乎，她还是沉不住气。

……

总之，一天到晚，一年到头，遇事一对比，她就没有沉住气的时候。

我真诚地奉劝一句：**女孩子，年轻的时候，你该有“沉得住气”的远见和毅力。**

你怀疑自己现在努力是为了什么，为什么别人每天可以纸醉金迷、灯红酒绿，而你却要孤单寂寞，孤独奋斗，而且无人疼爱，特别是，你还是一个女生。

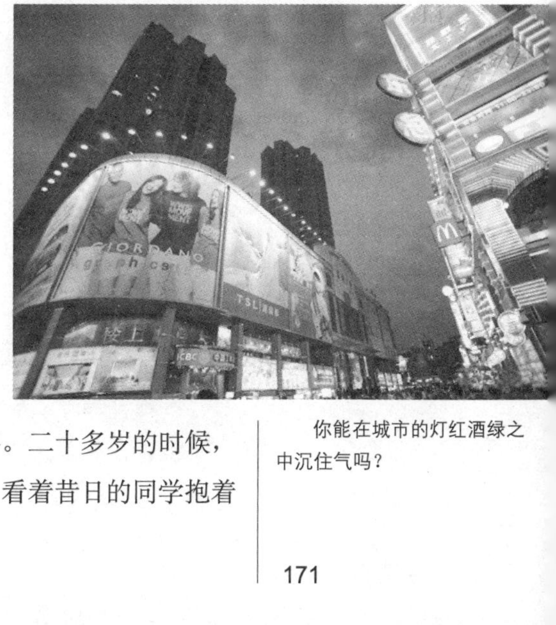

你能在城市的灯红酒绿之中沉住气吗？

我认识的一位阿姨跟我说过自己当年的故事。二十多岁的时候，周围所有的人都结婚了，只有她一个人还没有。看着昔日的同学抱着

8个月的孩子出现在她的面前，她只有一个人回家默默地抹眼泪。正好这时候，她碰到了现在的丈夫，各方面都还合适，她就把自己给嫁了。本来她报了一个大学的经济学专业，可是结婚后，哪还有时间看书，生了孩子就更加不可能了。

但是，跟她中学时同班的一个女同学就不同了。当时这个女同学都29岁了，比我这位阿姨还大一岁。29岁的女人，在上个世纪的一个小县城里，基本上就等于一辈子嫁不出去了，而且这样一个嫁不出去的大龄女青年，会成为全县人民茶余饭后的热点话题。但是，她一直沉得住气，在周围大娘、二婶儿、三姐、四姨们的流言蜚语中坚定地学习，没有放弃。

这个故事的结尾，很没意思，很没有悬念。阿姨懊悔地告诉我，现在她的这位大龄女同学已经去北京了，嫁给了一位医生，生了两个孩子，一家人经济自由，幸福无比。阿姨说，这个女同学现在的言谈举止、眼界视野远不是自己能比及的。

而这一切的开始，都是那个大学的进修班。同样的机会，那位女同学沉得住气，学习了；而我这位阿姨没沉得住气，嫁人了。

最幸福的一生，是人生层次不断上升的一生，女人也是如此。有的女人，年轻时被众星捧月，年老时却没能嫁一个好丈夫，青春转眼逝去。她们最后悔的，不是周围人对待自己的态度发生了改变，而是自己在最黄金的时候没能奋发图强！40多岁了，在市场买最便宜的菜，蓬松的头发和暗黄的皮肤，埋头于讨价还价，甚至都不曾注意到身边熟人路过。不努力的女人只有两种结果：穿不完的地摊货和逛不完的菜市场。曾经青春美貌又怎么样？

二十岁出头，无疑是最美好、最美丽的年华。但这时候的女生大多对自己的人生方向毫不清晰。她们不知道自己要的是什么，追求的是什么，怎么样才能得到真正的幸福。的确，最美丽的时光如果在恋爱中度过，每天安逸舒适，那将是最美好的回忆。

可是，美好之后呢？

也许，你身边有一位二十多岁的英俊少年爱着你。但是，如果他选择了奋斗，假以时日，你们的眼界、层次就会慢慢有所区别。当爱情的炙热褪去，能干、成熟的女同事就会对他产生巨大的杀伤力，不思进取的你在他眼里不再是美丽的公主，而是变得不可理喻。不要骂他没有良心！他享受了你最美好的年华之后却不能给你幸福，责任不全在他，**任何一个奋斗的男生都不可能与一个不再奋斗的女生有共同语言并白头偕老。如果想在一起，就跟他一起奋斗，不给他离开你的机会！**

如果男生选择了和你一起玩乐，人到中年，当你们回首人生，与周围不同层次的人比较时，你会懊悔自己拖累了爱人，拖累了家人，包括你们的孩子。请你不要在柴米油盐经济拮据的时候，指着丈夫的脑门大骂他无能。**你知道，这样的现状你至少有一半的功劳。**

女生，不论什么时候，什么处境，都请有自己的梦想和奋斗。

在课堂上，我见到过这样的女生：刚开始上课时有着勃勃的雄心，言谈举止散发着奋斗的魅力，典型的巾帼不让须眉。后来，在课上遇到了一个她自以为合适的男生，恋爱了。从此“奋斗女”彻底消失了，仿佛从来没有出现过一样。我看到的只是一个在男生背后亦步亦趋的小女生，每说一句话都会提到她男朋友怎样怎样，看得出来这个女生打算今后的整个人生都将围着他打转。

也许你会说，女人就应该这样示弱，不能强势，否则男生会敬而远之。**我想反驳的是，示弱的前提是你本来强大，而不是在恋爱的温室中成为温水中煮着的青蛙，越来越依赖另一个人。你决不能成为金丝笼里的小鸟，到要飞的时候发现自己已经不适应外面残酷的丛林。**而且，如果一个女生有目标有梦想就叫强势的话，那我想说，这样的男生太弱了，他要用女生的弱势来维系自己虚弱的自尊。

我无法理解殉情的男人，女人的全部是爱情，殉情了，我们同情她。男人殉情是因为什么？不理解！想破脑袋也理解不了！在我也许偏激的观点里，男人是该干大事的，而不应该完全沉溺于儿女情长。**殉情这种文艺的事，实在不是男人玩的。是，你对一个女人负责了，但你对其余所有人包括你自己和辛苦的父母就不负责了。**傅雷在他的

《家书》中语重心长地对他的儿子说：不要因为女人或者是感情而舒缓了自己的事业心。这里面的男权思想我们暂且不论，他的说法也不无道理，哪一个父母想看到自己的儿子最终难过美人关？！

每一个成功的男人背后都有一个得力的女人。也许你不得力，但至少你不要成为他努力向上道路中的下拉阻力。即使他是超人，地球引力这么大，拖个尾巴负重飞行也不容易！

你会问：老娘为什么要奋斗？

我想问你：男生在奋斗，你为什么不呢？

记住：情侣之间，谁没进步，谁就是最大的变心。

一个文明、富足、先进、强大的社会，最悲哀的不是——先人向人类揭示真理却被多数的无知群众误解，而是——无数女性为了“男女平等”奔走呼号后，最终还是拼命减肥、整容、化妆、美白，嫁一个富二代坐在宝马里“实现”人生梦想。有一个女孩说：“我宁肯躲在富人的宝马车里哭泣，也不愿坐在穷人的自行车上微笑。”我懒得骂人，只是鄙夷地对她竖起中指。

记住：聪明的女人不是嫁给一个富翁，而是培养一个富翁，再生两个富翁。这种女人才会赢得世人的尊重，这样的女人才能被形容为“智慧”和“贤淑”。

南丁格尔　因在克里米亚进行护理而闻名，被誉为“提灯女神”。1908年3月16日，她在88岁高龄时被授予“伦敦城自由奖”。她是世界上第一个真正的女护士，开创了护理事业。“5.12国际护士节”是全世界护士的共同节日，就是为了纪念这位近代护理事业的创始人而设立的，这一天是南丁格尔的生日。

富二代没你想象得那样“资源丰富”，他们的胸怀也没有你想象得那样“地大物博”。你要知道摆个花瓶在家里迟早有一天会看腻的。现在，年轻美貌的女孩儿跟韭菜般一截一截地生长出来，请问：大姐，你的美貌能撑多久？

你为什么要奋斗？因为你从来都是，也应该是一个独立的个体。

不要因为现状不合理，你就以为那是应然状态，不要因为自身的惰性和历史强大的惯性你就再滑回到那个安逸的小窝里去。女孩们，我告诉你们真相，家里有的不仅仅是安逸，还有琐碎的家务以及日复一日的庸俗电视剧。过不了多久，你满嘴唠叨、全部目力所及的都将是——家里的鸡毛蒜皮。

想到南丁格尔，她反对全家的阻力，毅然决然开创了一个伟大的职业去拯救芸芸众生，无数人热泪盈眶；

民国秋瑾、许广平、向警予，这些女子冲破世俗的偏见，追求自由的爱情，又像男人一样救国家于危难；

建国以后就更不用说了，女人曾同男人一样劳动、挖沟、进工厂……

当然，这也被今人广泛诟病为没有女性特征。

但举目四望，现在的女人呢？

太多女人人生的梦想就是钓个金龟婿，没有人来“潜规则”她，她却自动送上门去。越来越多的女大学生心中想象的不是自己奋斗出一片天地，而是嫁个好男人，实现人生阶层的飞跃。多少女人靠赤裸身体，靠脸蛋、靠身体来博得出位，苏紫紫、干露露、郭美美（她们取名字是不是都先商量好了的？）一个个粉墨登场，屏幕繁乱地让人目不暇接。女人，你不要自甘堕落，你不要不自重。你以为你骄傲炫耀、肤浅地在屏幕上袒胸露乳吸引了多少观众的眼光，其实，你像个跳梁小丑，没有人会敬重你。

女人你怎么了？社会在堕落，你不洁身自好，也不需要最先堕落。时代的门在男女平等上曾经打开过，女人，现在不要因为你们自己而让这扇门虚掩。

你知道，让三个男人难忘的林徽因，她有的绝不仅仅是漂亮的外表，还有出众的文笔。她不到二十岁就和梁思成一起赴美留学，和梁有着共同的志趣。

女人，请不要空等男人来给你幸福，给你金钱，给你关爱。这样的等待像买彩票，太玄乎。**你为什么不自己给自己幸福。在你有运气得到男人所给的幸福之前，请先有能力自己给自己幸福。**又或者，你不该这样的守株待兔，**同样是社会，为什么男人拼的是真才实学，而女人却有另一条完全不同的成功小道？**不管它是崎岖还是迅捷，中国社会的游戏规则难道也要学美国一样来个双重标准？

一位成功女性在某次访谈中欲言又止，只好说：女人，太优秀了也不好，除非找个好男人否则没有好下场；光鲜亮丽的女主播，美丽的脸上划过一丝不为人知的伤痛，语重心长地说：女人，职场上没有公平可言。

秋瑾（1875－1907）　近代民主革命志士，自称“鉴湖女侠”，蔑视封建礼法，提倡男女平等，常以花木兰、秦良玉自喻，性豪侠，习文练武，曾自费东渡日本留学。积极投身革命，先后参加过三合会、光复会、同盟会等革命组织，联络会党计划响应萍浏醴起义未果。1907年，她与徐锡麟等组织光复军，拟于7月6日在浙江、安徽同时起义，事泄被捕。7月15日从容就义于绍兴轩亭口。

向警予（1895－1928）　我党最早的女党员之一，被誉为“我国妇女运动的先驱”。杰出的共产主义战士、忠诚的无产阶级革命家，党的早期卓越领导人，中国妇女运动的先驱和领袖。

在所有人的眼中，美女一生顺风顺水，丑女一世不得翻身。

整个社会对女人美貌的追求，就像男人对成功的追逐一样登峰造极。再者，女人最大的成功，就被潜在定义为美貌的脸蛋和魔鬼的身材。最快捷的成功方式就是——靠美貌。**当这一切都是你耳濡目染的现状时，你就不想努力做一点改变吗？**

一百年前，我们的学生没有机会自由读书，列强欺凌、军阀混战，多少家庭父亲卖掉女儿，老人徒然饿死。但多少代人的牺牲和努力换来我们现在拥有的一切；**一百年后，如果中国的大地上还在忍受着拜金主义盛行，公共道德缺失，女人依附于男人无法独立，那么这将是我们几代人的耻辱！**

一百年前，几代女性冲破封建婚姻的枷锁，你现在才有机会和你的男朋友自由恋爱；**一百年后，如果你的后代在职场上还要忍受不公，还一辈子在家庭里庸俗终老，还是丑女永无出头之日，这将是你的耻辱！**

承担社会进步责任的，从来都不应该仅仅是男人。

到了这里，如果你还是自恃美貌，安于舒适，还跟拜金女一样大言不惭地说有房有车有钱才看那男人一眼。好吧，你继续。这个社会因差异而丰富多彩，因尊重而不断进步。

最后，我只想告诫女孩们一句话：女生，你为什么不沉住气去奋斗？将来的你，一定会感谢正在拼命努力的你！

每位姑娘，都应是条汉子！

女生，你为什么不沉住气去奋斗？将来的你，一定会感谢正在拼命努力的你！

绝学16

一个男人的劲道人生

楠哥建议——

18-35岁的男人们，一定要用超级认真的态度来阅读这篇文章，女生们则一定要把这篇文章读给男朋友或者老公听，让他们更Man一些。一定要做！

我有一位铁哥们姓邵，学生时代是一个戴着眼镜、无比沉默的乖乖男，在大学里是读书时间最长的学生；现在工作了，是公司里读书、买书、给员工推荐书最多的讲师和领导。但是，奇怪的是，他的书生气最少，同事、朋友对他最多的评价就是："邵总外表很文静，其实内心很狂野！很man，绝对纯爷们儿！"

得到这样高的评价，对于一个男人来说几乎就足够了。

我一直都在苦苦地思索：一个真正的男人究竟应该是一幅什么模样呢？

在我的预想中，男人绝不可做手无缚鸡之力、弱不禁风、纯粹的知识分子，更不能做无所事事、胸无大志的街头小混混。但是你要具备知识分子那种强大的思考能力和学习能力，同时还要具备敢想、敢做、敢拼、敢爱的强悍行动力和心无挂碍的心态。如果有人可以把二者的性格特质结合起来，此人必成大业。

一个男人，最理想的定位，是做一个有知识、有思想、有大爱的性情奇男子！

桃园三结义

一个男人应有的气质

一个男人，一定要有一个男人的样子，利利索索、痛痛快快，千万不要扭扭捏捏、婆婆妈妈。

一个男人，要懂得保护女人和尊重女人，尤其是后者，千万不要强迫她做她不愿意做的事情，不要打女人，无论她伤过你还是骗过你……

一个男人，要说话算话，吐出去的东西再咽回来，自己都会觉得恶心。

一个男人，可以不帅，但是一定要有气场！要有风度，要有修养，要有内涵，要有底蕴，男人可以丑，但决不能丑陋。

一个男人，可以不用才高八斗，学富五车，但是应该有自己的一技之长，无论怎样，你总要养家糊口。

一个男人，要有自己的目标和追求，人也就这一辈子，头顶的天都是一样的，你可以失败，但是不能自甘平庸。

一个男人，要有责任感，无论是对事业还是对家庭，无论是对父母妻儿还是对朋友兄弟，都要担当起自己的职责，自私自利的不是好男人，推脱逃避的不是男人！

一个男人，还应该强悍，社会上鱼龙混杂，充满了危机和诱惑，意志力不够坚定，很容易被击败，被打垮。**一个随随便便就会被击败打垮的人，其他一切也无从谈起，也无需谈起。**

一个男人，应该学会赚钱，千万不要以为攒钱可以发家致富，钱都是赚出来的，而不是攒出来的。

一个男人，要勤奋果敢，自己觉得对的事情就要努力去做。

一个男人，要沉稳冷静。沉稳，是男人区别于男孩的标志；而冷静，可以让你最大限度地发挥优势，降低风险，也让你显得更加成熟。**一个男人，不要习惯于解释。**做了就是做了，无论好坏成败，都是自己做的，解释这东西是最最没用的，你当初干嘛去了！再者，有些时候，沉默确实是金。

做一个男人，做一个真正的男人，顶天立地，纵横四海！

直面困难

让我们一起来看一个“直面风雨”的对话：

有人问登山老者：“在半山，突遇风雨，怎么办？”

老者：“向上走。”

那个人提出质疑：“山顶风雨大。”

老者说：“往上走，风雨大，却不致命。向下跑，风雨小，但会遇到暴发的山洪而淹死。”

最后，老者淡然地说：**“面对风雨，逃避，会被卷入洪流；迎上，却能得生！”**

对于困难，正面迎击，努力克服才是生存法则，而逃避、掩盖、回避都将带来更多的危机。

喜欢吃辣的读者一定吃过“老干妈”辣酱，这个企业的掌门人陶华碧虽然是一位女性，但是她直面困难的勇气值得我们这些七尺男儿好好学习。

大家知道吗？对于经营公司的人来说，阅读“财务报表”是最枯燥、最无趣的事，很多经理人甚至老板一听读财报就头疼，避之唯恐不及。我们看看“老干妈”陶华碧是怎么“面对”的：刚开始创业时，财务报表之类的东西完全看不懂，她就苦练记忆力和心算能力，然后让财务人员念给她听。听得打瞌睡了，就泡上苦得舌头发麻的浓茶喝，喝完继续听……

老干妈辣椒酱

“老干妈”3年缴税8个亿，产值31亿元，带动两百万农民致富。65岁的她只有小学文化程度，从摆地摊起家，历经艰辛，成为中国最大辣椒酱企业的掌门人。这个只有小学文化的农村“老太太”，靠着“直面问题——解决问题——实现成长”的苦拼精神从摆地摊做起，把一个民营公司办到这种程度，创造了一个令人难以想象的真实童话。

“老干妈”陶华碧是一个女人，都可以直面创业中的重重困难，更何况我们男人呢？！

毫不客气地说，长不大的男孩几乎全都是逃避问题的人，他们只会掩盖、逃避问题，不敢面对问题。长大的成熟男人，都敢于面对血淋淋的现实，解决完一个问题以后，在这个点上你立刻长大了。

有一句话叫做“格物致知”，“格”就是“面对”的意思，只有“直面”一种事物的时候，你才能对它有全面、深入的了解，你在“认知”上才有进步。这句话中最重要的就是一个“格”字，即“面对”。**从男孩到男人，首先要学会的就是“面对”二字。**

一个男人的劲道人生

你应该形成这样一种生命观：**男人的人生是为一件大事而来！**你必须尽快找到这件大事，投入其中，淋漓尽致地绽放你的生命核能！

而且，你应该明了：在男孩成为男人的过程中，你会遇到无数的挫折、非议、羞辱、绝望、恐惧甚至进攻，你的态度不应该是躲避、息事宁人，而应该是张开双臂欢迎“让这些来得更猛烈些吧”！

当年，那个刚走入社会的你，也许是一介书生，怯生生、嫩乎乎，并不了解社会上的游戏规则。后来随着事业的山重水复和跌宕起伏，你会一步步成长为今天这样一个坚毅、老练和成熟的人，变得勇于面对任何困难和挑战，能够运筹帷幄、轻松应付各种复杂局面。

回首自己的精神成长史，你会问：一个男人的生命意志是怎样长成的？

起先，年青的时候，人就像一堆面粉，洁白、纯净、好看，但没有黏性、韧劲儿和份量，一阵风过来，就能把你给吹散了。

后来，公司内外、社会各方、黑白善恶、雅俗圆钝，各路神仙、各种力量都加入进来，就象往面粉堆里掺水、使劲、搅和、揉捏一样，反复这般，纯洁的面粉就慢慢地被揉成面团了。这时候，开始有了韧劲儿、弹性、张力和份量。继续揉下去，就可成拉面了。一旦成了拉面，那么，开水煮你都不容易把你给煮烂了。

一个男人的长成，从面粉到面团最后到拉面，成就一个劲道、有弹性的人生！

一个男人的三大爱

一个真正的男人，心中应该有三大爱：

第一、爱兄弟

爱兄弟的直接表现就是讲义气。关羽为什么成为神？千百年来被老百姓们烧香叩拜？原因只有两个字——义气。在中国上下五千年的历史中，这样有能力、有情意的“忠义男”实在是少之又少，千里单骑送嫂，对于曹操的百般拉拢不为所动。这样的男人实在是太有安全感了！

我告诉大家：讲义气，是一个男人最有魅力的性格特质。如果一个男人既讲义气又有头脑，这种男人的前途不可限量。关羽、宋江、《英雄本色》里的“小马哥”都是最好的例子。

第二、爱妻子、爱亲人

一位朋友告诉我：“男人，天生就有强烈的征服欲；女人，天生就有强烈的被征服欲。”是的，男人天生就是来征服对手的，他还要征服财富，征服这个世界。

男人的爱要有霸气，一种舍命的霸气，这种爱谁也抗拒不了。

但是，我想问的是：男人一生征服无数的对象，他最终为了什么？

我给出的答案是：为了他挚爱的亲人和爱人。

亚历山大大帝是一个征服了全世界的君王，江山横跨欧亚大陆，但终身未娶，典型的爱江山不爱美人；

温莎公爵是有着强烈浪漫主义的一代情圣，为心仪的女人自愿让出英国王位，典型的不爱江山爱美人；

凯撒大帝，一生戎马，征服无数强悍的敌人，最后依然是情归埃及艳后，典型的爱江山又爱美人。

温莎公爵夫妇

爱老婆、爱亲人是男人最宝贵的品质之一，具有这种品质的男人即使到了80岁也会魅力无穷。在一次电影金像奖颁奖晚会上，一位男演员在台上说：“谢谢太太今晚陪我来。”他的太太在台下已经哭红了双眼。接着他又对爸爸说：“请你原谅这么麻烦的一个小孩，你养大了他，你才是最佳男主角！”说完这两句话，下面的很多女观众都感动落泪，大家都为这个爱家人、爱妻子，勇夺奖项的真性情男子而感动。

有时候，我在想：我向往的幸福是什么？

现在，有了答案。

昨天晚上，我与一位培训师去一所大学演讲，他在台上激情四射地讲，他的太太在台下小鸟依人地听，两人有时候还相视一笑。这种心灵之间的互相欣赏，就是一种无上的幸福。

看到他们温暖的样子，在那一个瞬间，我想把征服世界的豪情壮志放下，觉得人生像他们一样温暖地看着对方，幸福地活着，就可以了。

我的幸福也应该是这个样子：**我在台上讲，她在台下听。光阴似水，斗转星移，我们一起行走，相互偎依。台下的听众换了一拨又一拨，只有台上的我和台下的她依然是青春、快乐的模样。**

多么动人的一幅画面，仿佛方文山歌词里描绘的那样，美轮美奂，暖人肺腑。

我觉得，爱，就应该是这个样子，牵着她的手不放开，简简单单，没有伤害。

第三、爱“人”

由爱兄弟，爱亲人，爱妻子，推进到爱“人”。“老吾老以及人之老，幼吾幼以及人之幼”，这是最简单的推己及人的“爱人”思想。

绝不恃强凌弱，只会向弱势群体伸出温暖的大手。

判断一个男人有没有爱心，非常简单，跟他过一次马路就知道了。有安全感的男人跟父母或者女孩在街上走，一定要让对方走在靠近路边的一侧，自己走在靠近路中央的一侧，让各种车辆从他旁边呼啸而过。原因很简单，老人和女性是弱势群体，最需要的是“安全感”，**作为男人，应该把安全感随时随地地传递给周围的每一个人。**

我觉得，对一个男人最高的评价是：他很有安全感。

拼命打拼，这是人间正道！

男人，活在江湖中，

身披圣洁的哈达演讲。每次上台我必须做到全力以赴！

有学历就拼学历；

有资源就拼资源；

有人脉就拼人脉；

有背景就拼背景；

如果你什么都没有，拼什么？

不好意思，如果你什么都没有，就只能拼命！

所以，命，不是注定的；命，是拼出来的！

拼命打拼，这就是人间正道！

一个男人，应该有一头飘逸的长发，勇猛无比，有情有义，兄弟敬重，女人爱慕。更为难得的是，他对父母、老婆、兄弟、老人以及所有的弱势群体要温情款款，是可以依靠甚至可以托付终生的理想好男人。朋友对你的评价应该是：说你是“男人中的极品”，都是侮辱了你。

这个世界上根本没有帅哥，奋斗中的男人最帅；

这个世界上根本没有美女，智慧而懂事的女人最美。

世间没有免费的午餐，即便是在上帝那里也不存在；

世间没有无缘无故的爱，即便你爱得如此真、如此坦白；

世间没有无缘无故的崇拜和尊敬，即便你的心中有真诚万千。

我越来越能体会女人们嫁入豪门的心情，豪门中的男人历经风雨后的从容让女人们安全而沉醉，豪门中的男人历经孤独和委屈后的大气和坚定让女人们感动。这有点像中国的企业家成名后成为人大代表进入政协，众人说这是不务正业，可是我说：他们败过成过，他们经历过，他们就应该有所担当。

最女人的女人莫过于看准一个男生，和他共同创造一个豪门。

最男人的男人莫过于胸怀大志，脚踏实地为他那个智慧的女人打造一个豪门。

我理解多少男同胞们面对女生现实的选择而嗤之以鼻，可是他们能做的也只能是嗤之以鼻，行动和思想的差距导致了年复一年梦想越走越远。

昨天还豪情壮志，今天早晨又有了一个不起床的理由；

昨天还刚刚向爱人许诺下美好的未来，今天晚上就醉倒在一片觥筹交错之中；

昨天还刚刚向朋友谈论理想，今天的夜晚又在酒吧解脱清醒的苦楚；

昨天还在立志明天去奋斗，殊不知**“那荒废的今日，正是昨日死去之人祈求的明日”**！

男人们，奋斗吧，就在此时此刻！

男人们，奋斗吧，就在众人集体孤单时，你却一人独享一个人奋斗的狂欢日！

男人们，奋斗吧，为了那久违的尊重和爱！

男人们，奋斗吧，人生从来没有我们期望的未来，只有我们奋斗的现在！

“有情、有义、有爱”，“真诚、真挚、真实”，这应该是一个男人真正的模样。

争斗！战斗！奋斗！
奋起！雄起！崛起！

这，是一个男人最劲道的人生境界。

男人要学会——全力以赴。
学习全力以赴，打架全力以赴；
考研全力以赴，留学全力以赴；
孝顺父母全力以赴，追求女孩全力以赴；
找工作全力以赴，创业全力以赴。
如果一个男人习惯了全力以赴，此男人必成大业！

——张一楠

绝学17

要计算，不要算计

最近，我有一个重大的发现：

人和人在事业和成就上的差别，与他们的数字计算能力强悍与否有很大的关系。

数字能力强大的人不是在用大脑想当然地判断问题，而是根据数字中反应出来的现实进行事实判断，更加精准，成功系数更高。股神巴菲特、美国企业家Steve Ross、前通用总裁杰克·韦尔奇和微软创始人比尔·盖茨四个人就是典型代表。

美国著名投资专家巴菲特在股票投资行业做出了举世炫目的成就，甚至还单凭股票投资这一项绝技荣登世界首富宝座，这跟他超凡的数学计算能力密切相关。巴菲特经常在脑子里进行复杂的数学运算，声称自己根本就没有计算器。

另外一个牛人是Steve Ross，他创建了Warner Communication商业传媒帝国。他说过一句非常有意思的话：**“我最恨计算器，它把人的能力拉平了。”**这句话说明此人最引以为豪的就是自己的计算能力。据说，他一向不用计算器处理各种数据，他最痛恨的就是计算器。他说：“计算器的发明给计算能力弱小的对手提供了便利的武器，这就削弱了我的竞争优势”。

通用电气前总裁杰克·韦尔奇也有一个类似的绝招，能从24行充满数字的财务报告中挑出主要问题。这使得他能够游刃有余地管理世界上规模最大、运营最复杂的公司。退休后，他被誉为“世界第一CEO”，被全球的企业家顶礼膜拜。

世界首富比尔·盖茨在哈佛的数学教授Harry Lewis在讲授应用数学时，第一堂课给学生们留下了一道看似简单的数学题。对于这个问题，他不仅自己无法解答，也不知道其他什么人能够解答。他只不过想用此题向学生们说明：有些看似简单的问题并不那么简单。但是，盖茨几天后就到他办公室来，给出了自己的解答，后来盖茨和教这门课的另一位教授联名把成果发表在一个数学杂志上。

由此，我又想到了三个人，第一位是年迈的少林寺方丈，第二位是月薪8000元的出租车司机，第三位是一家上市公司的职业经理人。他们都与一个话题相关，就是“计算”。

少林寺方丈的心算绝技

第一个人，是少林寺现任方丈释永信的师傅行正方丈。

行正方丈小时候家里很穷，从小就被父母舍到寺院。他6岁出家，9岁双目基本失明。如果对面坐着一个人，他看不清脸，不知道是谁，只能看到大概的轮廓。这样的身体，要主持少林寺大小事务，相当不容易。尽管行正方丈眼睛不方便，但是记忆力过人，而且心算能力非常强悍。不管是三位数、四位数，后面加小数点都可以。写上一页两页的数据，你念给他听，哪怕是十几分钟，他能一边听，一边算，等你话音刚落，他已把答案一口报出来了，比当时用算盘计算还快。当地人都知道行正方丈的心算厉害，每年生产社分东西的时候，就把他请去算账，因为别人打算盘都没他心算快。

在少林寺由行正方丈管理财务。由于他心算能力很强而且记忆力无人能及，所以他常常能把几年的帐都记得牢牢的。当时年轻的释永信（少林寺现任主持）经常跟他出差办事，一出去就是十几天时间。回来后，释永信就向他报账：买个烧饼多少钱，买壶茶多少钱，买张票多少钱，还没报完老方丈就已经把总账算出来了：花了多少，还剩多少，几毛几分都说得清清楚楚。然后说：“剩下的几毛钱可以不退了，放你那里。”

等下次出差，中间隔了几天，甚至十几天，他听完你报账，就会说："上次没结清的几块几毛几分，你给我加在一起算。"后来释永信才知道，老方丈要是不明说给他的话，下次出差，这部分钱还得算进去。老方丈的心算能力简直就是一项独门绝技，几十天，几个月，几百天的帐，星星点点的事都记得清清楚楚，特别是寺院的账务，更是一清二楚。他还常常把中央的文件一句句背出来，1982年的中央19号文件，1983年的国务院60号文件，还有历届领导讲话，像当时胡耀邦总书记的讲话，他听一遍就记住，不用读第二遍。

史上最牛出租车司机的"人民币统计学"

第二个人，被称为"史上最牛的出租车司机"，他是微软高管刘润先生写的《出租车司机给我上的MBA课》一文中的主人公。

司机，开动油门，更要开动大脑。

我要从徐家汇赶去机场，于是匆匆结束了一个会议，在美罗大厦前等待出租车。一辆"大众"发现了我，非常专业地、径直地停在我面前。这一停，于是有了后面这个让我深感震撼的故事，像上了一堂生动的MBA案例课。为了忠实于这名出租车司机的原意，我凭记忆尽量重复他原来的话。

"去哪里……好的，机场。我在徐家汇就喜欢做美罗大厦的生意。这里我只做两个地方。美罗大厦，均瑶大厦。你知道吗？接到你之前，我在美罗大厦门口兜了两圈，终于被我看到你了！从写字楼里出来的，肯定去的不近"。

"哦？你很有方法嘛！"我附和了一下。

"做出租车司机，也要用科学的方法。"他说。我一愣，顿时很有兴趣，问他："什么科学的方法？"

"要懂得统计。我做过精确的计算。我说给你听啊，我每天开17个小时的车，每小时成本34.5元……"

"怎么算出来的？"我追问。

"你算啊，我每天要交380元，油费大概210元左右。一天17小时，平均每小时固定成本22元，交给公司，平均每小时12.5元油费。

这是不是就是34.5元？”我有些惊讶。我打了10年的车，第一次听到有出租车司机这么计算成本。以前的司机都和我说，每公里成本0.3元，另外每天交多少钱之类的。

“成本是不能按公里算的，只能按时间算。你看，计价器有一个“检查”功能。**你可以看到一天的详细记录。我做过数据分析，每次载客之间的空驶时间平均为7分钟。**（精细！）如果上来一个起步价，10元，大概要开10分钟。也就是每一个10元的客人要花17分钟的成本，就是9.8元。不赚钱啊！如果说做浦东、杭州、青浦的客人是吃饭，做10元的客人连吃菜都算不上，只能算是撒了些味精。”

强！这位师傅听上去真不像出租车司机，倒像是一位成本核算师。

师傅继续说：“有一次一个人打车去火车站，问怎么走。他说这么这么走。我说慢，上高架，再这么这么走。他说，这就绕远了。我说，没关系，你经常走你有经验，你那么走50块，你按我的走法，等里程表50块了，我就翻表。你只给50快就好了，多的算我的。按你说的那么走要50分钟，我带你这么走只要25分钟。最后，按我的路走，多走了4公里，快了25分钟，我只收了50块。乘客很高兴，省了10元钱左右。这4公里对我来说就是1块多钱的油钱。我相当于用1元多钱买了25分钟。我刚才说了，我一小时的成本34.5块，我多合算啊！”

“在大众公司，一般一个司机3、4千拿回家。做得好的大概5千左右。顶级的司机大概每月能有7000。全大众2万个司机，大概只有2-3个司机，万里挑一，每月能拿到8000以上。我就是这2-3个人中间的一个。而且很稳定，基本不会有大的波动。”

太强了！太强了！相信大家都会这样情不自禁地感慨！

是的，出租车司机是一种非常劳累但是收入不高的职业。大部分的司机为了生计到处奔波，晚班司机还要冒着一定的安全风险工作。在其他人手里不太赚钱的职业，到了这位司机手里就成了一个赚钱的职业。**职业没有变化，关键是人与人之间计算能力的差别。在某种程度来讲，人与人之间收入的差别，主要源于计算能力的差别。用统计**

学来做事业的人，做任何职业都会只赚不赔。

从“数学，Fuck you！”到“数学，Love you！”

第三位职业经理人，就是我自己。几年前，我在一家上市公司担任国内部经理，同时也是一位集团演讲师，我在课上经常向学生炫耀自己“随心所欲”的数学计算能力。

有一次，我和妈妈去菜市场买菜。

看到有一个卖苹果的老大爷，我上去就问：“大爷，你的苹果多少钱一斤？”

老大爷说：“两元钱一斤。”

我立刻感慨地说：“太贵了吧！五元钱给我两斤！”

话音未落，学生笑翻一片。

别笑，还有更离谱的。

上初中时，数学老师问我：“1/2加1/3等于多少？”

我脱口而出：“等于2/5！”

我的逻辑非常简单，分母与分母相加，分子与分子相加。

讲到这里，学生再次笑倒一片。

上大学的时候，我们学校的高等数学课4个学分，是必修课。

考试时，我看了一眼题目什么都没写。我觉得这些题目侮辱我的智商，因为我不会做。后来看着空白试卷实在过意不去，我诗兴大发，干脆就在试卷上写下了一首打油诗。数学老师一气之下将我的诗在所有的班上通读了三遍，结果轰动了整个学院，所有同学都知道了有一个叫张一楠的学生在高数试卷上写诗。

有时候，出名就是如此简单。

相信大家看到这里，都笑喷了。是的，这就是我当时“无比突出”的数学计算能力！我的数学成绩从初中开始到大学毕业一直都巨烂无比，我不以为耻，反以为荣，这种情况一直持续到一件事情的发生。

刚被提升为部门经理的时候，我只有26岁，但是每年要负责将近1000万的预算。每年做新财年预算的时候，都是我生命中“炼狱般的时光”，实在让我刻骨铭心。当时，我要预估本部门“新财年”（即从当年6月1日到来年5月31日）将要产生的所有成本。比如，每个项目的主要课程，每种课程的开课时间和结课时间、设计人数、预计人数、报名分布情况、收费标准、教材成本核算、课酬和奖金等等。因为我的计算能力实在太差了，每天做自己不擅长的事情，没有丝毫的成就感，痛苦不堪。做到最痛苦的时候，我不断地跟周围的同事说：“谁帮我做预算，我就嫁给他！”

后来，当时我的直接领导带着我们几位经理一起做预算，他说过的两句话改变了我对“做预算”这项枯燥之极的工作的看法。

他说：**“一个人活在世上，每一个行为都会产生成本，包括时间成本、机会成本和资金成本。做预算，让我们明白，一年中总成本是多少，我们可以更加精确地使用资源。”**

接着，他又说了一句话：**“人要成长，就要敢于做自己害怕做的事情。不舒服，才会成长；成长，必然不舒服。”**

这两句话对我触动很大，也让我明白以前对数学计算能力玩世不恭的态度是多么幼稚！

我决定改变，必须改变！

其实，我的计算能力还是有遗传优势的，老爸告诉我，他的奶奶（也就是我的老奶奶）当初在集市上开饭店，唱大戏赶集的时候在我们家饭店里吃饭的人不计其数，我老奶奶一边叫卖“热包子，刚出炉的热包子！”一边心算所有的账目，丝毫不差，堪称一绝。三年后，我们家就靠开包子铺赚的钱买了几十亩地，成为当地赫赫有名的地主。

祖上有如此传奇的心算奇人——我的老奶奶，我就更不能辱没了祖宗的名声。从此，我开始有意识的训练自己的计算能力，手机、笔记本电脑和iPad里的计算器功能成为我使用最多的功能。以前做决策只是凭感觉，现在做决定一定要经过缜密的计算和论证才会付诸实施。慢慢地，我发现，将各种数据综合起来进行分析计算，确实可以增强做事的准确度，减少了很多浪费。与现在公司里白领和中高层领导完全依赖电脑工作的情况完全不同，我有意识地减少使用电脑的时间，尽量用大脑去思考。

“要计算，不要算计；用大脑，少用电脑。”已经成为使我成长较快的工作习惯。

我认为：不抓数字的经理都是不合格的经理。一天不盯数字，一天业绩勉强；一月不盯数字，一月业绩下滑。作为管理者，必须每月每日，时时刻刻紧盯数字。另外，还要逼自己的团队养成“用数字说话”的习惯，让“用数字说话”成为常态，“数字化”的企业才是优秀的企业，才是能做得长久的企业。

计算能力，可以把一个普通人变成一个聪明人，巨牛无比的计算能力，可以把一个聪明人变成一个令人敬仰的行业大师。

绝不耸人听闻！听我的，各位，请用计算思维甚至统计思维武装自己的大脑！

绝学18

讲课牛A的9个秘诀

在当今中国的教学界，有两个声名显赫的门派。

一者为“庙堂教学”，以各大学、中学等公立学校的教学团队为代表。

二者为“江湖教学”，以各种民营教育机构为代表。

这两种教学门派风格各异，相得益彰，互为补充，为中国的教育做着重要的贡献。

我想真诚、真实地讲述自己和周围优秀同事的讲课经历，希望起到抛砖引玉的作用，为的是让更多的优秀讲师站出来更加真诚、更加真实地分享自己的讲课心得和秘诀。

我发现：很多学生学习不好，并不是因为他们自身的问题，而是因为不喜欢给他们上课的老师，从而对学习产生了厌恶。但是无数学生学完我们公司的课程回到家，就开始发奋学习，早晨晨读，晚上还加餐“夜读”，前后变化之大令其父母极为惊讶。其中的奥秘很简单，这是因为他们“喜欢上”了教他们的老师，发现这个世界上居然还存在这样一群奇怪的学习牛人，他们可以把学习“玩”得这么精彩，“搞”得这么有趣，他们也想像这群“牛人”一样“玩转”学习。

大家会问，这些老师究竟有什么样的魅力，他们的演讲究竟有什么魔力，让学生产生如此深深的依赖，无法自拔？今天我就为大家揭秘顶尖老师讲课牛A的9大秘密，请热爱讲课的童鞋们屏住呼吸……

秘诀一、讲自己说做，做自己所讲。

解释一下第一条原则：**如果你是教考试的老师，那么你本人必须是高分或者满分获得者。**

问大家一个问题：有两位老师，一位是自己考过高分并且努力备课的老师，另一位是没有考高分经验但同样努力备课的老师，大家觉得他们二位的课程对学生的影响力有没有较大差别？我告诉大家：有差别，而且是天壤之别！

拿英语考试来讲，一般人觉得英语考试嘛，就是考语言，其实这是天大的误解。英语考试，尤其是高难度的英语考试，考的不仅仅是语言，更重要的是应试者的思维和逻辑归纳能力。考过高分的人，的确是语言功底极为扎实的人，但更是思维严谨、逻辑强悍的学习者。

同样一个考题，第一名用第一名的顶尖思维方式去解答，第二名用第二名的牛B思维方式去应对，最后一名就会有最后一名的落后思维程序。如果让这些考不同分数的人去备课，将自己的考试经验总结出来，传授给其他人，培训效果是千差万别的。

打铁先要自身硬。我们深知这一点，只有第一名才能培训出第一名，只有牛人才能带出牛人。所以在招聘考试类教师的时候，高分者和满分获得者一定是我最优先考虑的人选。

一位考试的高分获得者，他自身一定有较为缜密的逻辑思维能力和解决问题的能力，这种人只要经过严格而系统的备课培训和演讲练习，就会快速成长为成熟、优秀的讲师。

所以，如果你要成为一个领域中一等一的讲师，首先要在这个领域中有大量的体验、试错、总结、反思、解答，才能有全面、全方位的**问题解答体系**，这种体系是你成为讲师最大的杀手锏。

秘诀二、“万恶的”逐字稿

嘘，大家安静，接下来这个工具是猛人们备课的杀手锏。

快餐巨头肯德基、麦当劳有一个重要的特色，所有分店的快餐口味、包装、服务、卫生情况都统一标准，相差无几。如果一个教育集团在全国有几十所分校，几千名教师，能不能做到所有学校、所有教师的教学质量高标准不走样呢？

答案是：可以！但要用一种特殊的备课工具。

这种工具的名字叫做“逐字稿备课法”。

你会问：什么是“逐字稿”？

写逐字稿，就是在备课时把课堂上你将要说的每句话逐句写出来，对，你没有听错，是“每一句话，每一个字”！因此叫做“逐字稿。”

够狠吧？要想把事情做得牛叉一点，你就得对自己狠一点。不是吗？

只要你做的每一件事都超出了常人最狂野的想象，你就能够成就此生。

逐字稿中包括两大部分：

第一是**干货**，即没有任何水分的精华知识点。包括所有的知识点、解题技巧、使用方法等等；

第二是**亮点**，即活跃课堂气氛用的各种课堂设计。包括幽默段子、励志传奇、词源故事、课堂提问（比如在300人大课上，我经常用传麦克回答问题的方式提高学生上课的积极性和趣味性）。在你的课堂上，干货和亮点必须互为补充，相辅相成，缺一不可。

更加离谱的是，初学讲课的人甚至应该把自己的口头禅写进逐字稿，以形成自己更加独特的风格。比如，我在讲课时经常讲到四句话，学生一听到这四句话立刻想到我，每次听到这四句话他们要么被逗笑，要么被感动。

第一句是，大家都知道，其实，我是一个诗人。

第二句：这样做题的同学有幻觉，严重的幻觉。

第三句：阅卷老师看到这样的词汇，这样的句子，什么感觉？哭了，嗷嗷哭！

第四句：让我们面朝大海，春暖花开！

有一位著名的GRE填空老师，叫罗永浩，他在课上的口头禅是：彪悍的人生，不需要解释！这句话已经成为大学生传播频率最高的名言。

有时候每堂课的逐字稿有4-5万字，7-8堂课下来逐字稿的总量会达到20-30万字。这是一个惊人的数字，如果把逐字稿打印出来，一本厚厚的参考书就可以新鲜出炉了。有些不理解的老师认为这是对他们的折磨，说逐字稿是万恶的，狗日的。每当此时，我会告诉他们：**对老师要求松懈，就是对学生最大的犯罪；对老师要求苛刻，才是对学生最大的负责！**

秘诀三、20:1的备课时间

我们公司里有一位极具演讲天赋的老师，但是学生给他的打分并不高，他就来问我什么原因。

我问他：“‘天分’和‘持续的准备’，你觉得，哪一个对提高讲课水平产生决定性作用？”

他没说话。

我继续说：“我告诉你，所有的天分在事情刚刚起步时会显得非常炫目，但是‘天分’会在将来的一个月、一年甚至十年中，逐渐地被‘持续的准备’所掩盖。**再高的‘天分’都敌不过‘持续不断的准备’！**”

我在办公桌上拿起一张A4纸，写下四个大字，递给他，说：“这四个字贴到你的书桌前，每天朗读100遍，最重要的是牢记在心，你的演讲功底甚至人生都会有意想不到的跨越！”

这四个字是——**“准备即我”**！

大提前量准备，是任何事业取得成功的前提，成功的演讲也是如此。我对新老师备课的时间要求是：20：1。意思是，如果你要讲1个小时，必须用20个小时准备；如果你讲满一节课（一节课两个小时），就要用40个小时准备。

让我们以公司里新入职的英语老师为例，来看一下他们真实的“非人”的备课生活——

如果要在本周六上一节课（两个小时），讲解定语从句，他从周一到周五每天的备课时间不能少于8个小时，要这样来安排：

周一上午8：00-12：00，查阅5本以上的语法书，找出讲述定语从句最独特、最深刻、最系统的内容，加入自己的理解，写成（或者敲成）逐字稿。下午14：00-18：00，练嘴——修改逐字稿——再练嘴，如此循环……

周二上午8：00-12：00，统计出历年考试真题中出现定语从句的频率，出现年代，总结出所有考点的出题规律，提炼出一个具有自己特色的、简单易学、立竿见影的解题技巧，最后还要给这种技巧起一个能够引起大家兴趣的名字，比如“三步搞定定语从句”。下午14：00-18：00练嘴——修改逐字稿——再练嘴，如此循环……

周三上午8：00-12：00，找出一些与定语从句相关的奇闻异事、渊源、故事，还有老师自己当年初学定语从句的糗事，编写成课堂亮点。下午14：00-18：00，练嘴——修改逐字稿——再练嘴，如此循环……

周四上午8：00-12：00，设计大家学会定语从句所需要的练习题，设计好数量以及解题步骤，还要设计好“威逼利诱大家完成作业”的话术。

比如，我会在课堂上这样告诉学生：“《无间道》（二）里说：‘出来混，迟早要还的！’你们要么现在当堂学会，要么在考场上你们就得还！而且是加倍偿还！人和人之间英语水平的差别，其实就是定语从句掌握程度的差别。现在，你们必须给我现场承诺：今天是你此生最后一次学定语从句，此生不要第二次学习！今天必须学会！”在这种威逼利诱之下，学生就会懂得定语从句的重要性，就会乖乖把它学好。

下午14：00-18：00，依然要练嘴——修改逐字稿——再练嘴，如此循环……

周五上午8：00-12：00与下午14：00-18：00，设计好演讲时的眼神、手势、捋头发的动作，扶眼镜的姿势等等。还要准备好第二天上课用的衣服、眼镜、首饰、手表等道具。

记住：**讲台就是教堂，老师就是牧师！**

在讲台上，你就是演员，哪怕只有一名观众，你也要用生命去表演！

秘诀四、将所有参考书搬回家

我们的课堂素以“精彩、快乐、实用”著称，老师们不是在讲课，而是在演讲！每一位老师都可以牢牢吸引学生的注意力，两个小时下来，400名学生的大课堂，每个人都目不转睛地盯着老师，盯着播放PPT的幕布，生怕漏下一丁点的内容，为什么效果如此之好？因为两个小时的课堂内容，全是精华，没有丝毫的糟粕，谁都不敢漏掉一个知识点，一个答题技巧。这句话有些不客气，但的确是事实。

要想让自己的讲课牛叉，必须站在巨人的肩膀上。

8年前，我还是讲课菜鸟的时候，把新华书店里所有的参考书尽数搬回家，一本一本去啃，一本一本去划，将书中最有价值的知识亮点挑出来，消化、琢磨、改进，最后变成自己讲义里的内容。我很少逛街，很少去商场买衣服，很少去超市买东西，但是每周必去书店，每次去都将最新的参考书买回家，把精华的知识点不断地补充到我的讲义中去。精益求精，点滴改进，这样打磨出来的讲义和课堂内容才是无可挑剔的。

当一位老师讲的每句话对学生都有巨大帮助，甚至可以在瞬间提高他们学习能力的时候，他们的注意力怎么会转移呢？

我们的课堂之所以取得巨大成功，就是因为有一批如狼似虎成长欲望的讲师，同时他们孜孜不倦地对课堂内容进行“千刀万剐”的精雕细琢。

秘诀五、无处不使坏

这条原则的意思是：在演讲中，有“话”决不能好好“说”，而要精彩绝伦、波澜壮阔地“说”！我曾经告诫公司里所有的讲师：**在演讲中使用平庸的语言，就是对听众最大的犯罪！**

大家发现了吗？相声演员之所以能把你逗笑，就是因为他们有话不好好说，非得用一种搞笑的方式表达出来。同理，演讲也需要“使坏”，需要“玩花活”，需要“讲段子”。

有两种职业会讲段子，第一种是相声演员，第二种就是牛A的老师。

两者不同的是：相声演员讲的是搞笑段子，牛A老师讲的是知识段子，主题包罗万象：励志的、幽默的、情感的、讽刺的、时尚的、文化的、麻辣的、甚至搞怪的，应有尽有，琳琅满目。

我有一位同事有一个奇特的习惯：在每次课结束前十分钟讲一个励志段子，非常受学生的欢迎。用我们内部的“黑话”来说，要成为名震江湖的“牛师”（牛A的老师），你需要做到两点：

第一、要像备课一样备段子；

第二、课堂上的两小时，120分钟，你要“无处不使坏”！

第二句话的意思是：精心设计每一句讲解的语言。**你的目标不是讲得最全面，而是讲得最震撼！**要绞尽脑汁，要费尽心机，包装你讲课的每一句话。

当初面试我的主管曾经告诉我：**“最牛叉的课堂=内容+包装。牛师最大的本领就是包装每一句话，你的课堂应该做到——一字不易！”**

同样是一个知识点，普通老师就平平淡淡地讲了，但是牛师会用学生最最感兴趣的语言来讲解。他们几乎把语言的魅力发挥到了极致，无所不用其极。这需要所有老师不但看专业书籍，还要看各种文学、电影、旅游、商业、历史、文艺等等主题的书籍，搜寻有吸引力的语句，包装自己的课堂语言。

比如，要讲解“并列修辞”这样一个写作知识点。

我就会先设悬念：“历史上有一个千古难题，从来没有人可以破解，就是——演讲和写作时，既做到语言简练同时又做到气势磅礴。大家知道，语言简练了就很难做到气势磅礴，气势磅礴了就很难做到语言简练。这个问题难住了几千年来所有的文学家和演讲家。”

当学生们的胃口被吊起来以后，我继续说：“后来，这个问题被一个人解决了，这个人是谁呢？”学生们正在猜测纷纷的时候，我继续说：“这个人，就是我！”这时候同学们会哄堂大笑。

然后我就开始讲解并列修辞，我会提到几千年前凯撒大帝的吼声：“I came， I saw， I conquered！（我来了，我看到了，我征服了！）”还会提到英国政论家培根在“Of Studies”里写到的“Studies serve for delight, for ornament and for ability.（学习可以怡情，可以博采，可以长才。）”还会讲到美国最著名总统林肯的政治抱负，是要建立一个“the government of the people, for the people and by the people（民有、民享、民治的政府）”。

一个普通的“并列修辞”，经过我这么一折腾，学生就疯狂了。他们会觉得并列修辞是世界上最美妙的语言技巧，每个人都想把它学会、用好。这就是语言的魅力，语言就是力量！**世界上什么语言最使人难忘？真正打动听众内心的语言最令人难忘！**

另外，我还要建议大家进行“反思性教学”，将上课时灵感发挥的内容记录下来，课下对以前的段子进行改进。永无止境地完善，永无止境地颠覆，永无止境进攻“旧我”，永无止境地塑造“新我”！

秘诀六、备课的两个思路

备课思路有千万种，但是总结起来无非就是两条：

第一：扩展；

第二：归纳。

扩展（点—线—面）

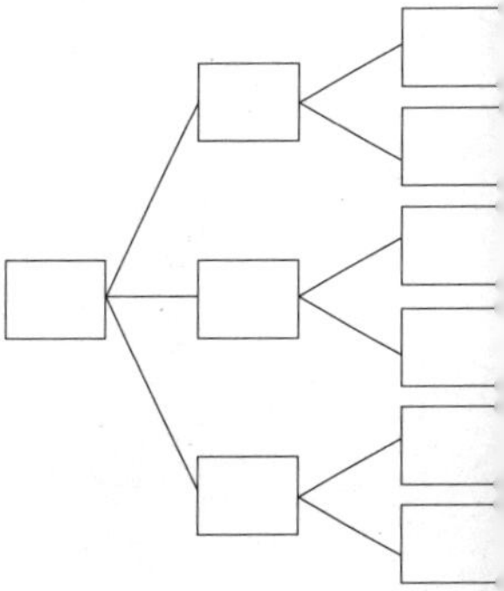

什么是扩展？不用我多解释了吧，就是由“点”扩展到“线”，再扩展到“面”，最后扩展到“立体”。由一个单词扩展到一组单词，再扩展到一组单词和例句。需要长期学习的语言类课程，要求老师在备课时进行大量的扩展，让学生举一反三，触类旁通。

举个例子，新概念第二册第一课有一个巨简单的单词bear，很多老师都觉得没什么可讲的，我不这样认为，大家看看我是怎样扩展的：

我们先联想一下，这个词的形近词有bear, tear, pear, rear, year等等；

归纳（面—线—点）

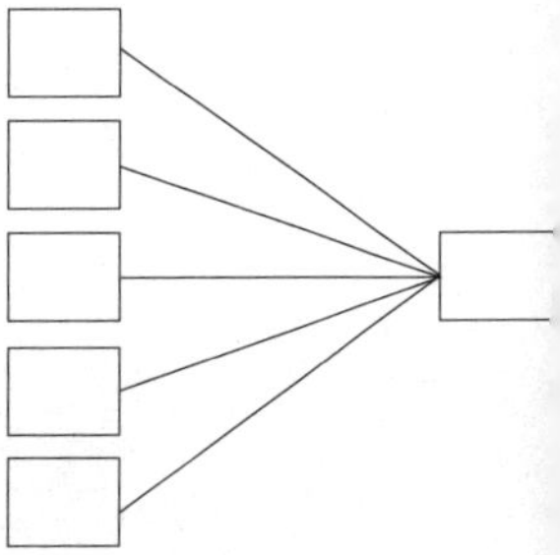

再扩展一个同义词endure，名词形式是endurance.

下面就开始展开狂野的想象，天马星空的扩展——

我非常喜欢看李连杰主演的一部电影《新少林五祖》，其中有一句经典对白：“忍无可忍，无须再忍！”可以翻译成：It’s beyond my endurance！再比如，《论语》里有一句话，现在人们依然在使用，叫做“是可忍，孰不可忍。”这句话的原文是“季氏八佾舞于庭，是可忍，孰不可忍也。”意思是一个姓季的臣子在庭院里观看64个人（一佾= 8个人）跳舞，孔子评价，如果这种人我们都可以忍受，还有什么人我们不可以忍受呢？翻译成英文是：If this man can be endured, who cannot be endured?

当同学们听到你从一个小小的bear讲到李连杰的电影，再讲到孔子和《论语》以及中国文言文的英语翻译时，集体崩溃了，他们从来没有见过如此博学、如此思维不羁的老师。我保证！这，就是扩展思维的魅力。

另外一种思维是归纳，它是适合于考试类课程的。

考试类课程跟综合能力类课程的备课思路正好相反，是需要把十几年的真题总结成几个易操作的技巧，需要把一个“面”简化为一个“点”，属于化繁为简的备课方式。说得直白一些，**归纳是让考试内容由多变少，由复杂到简单，由记忆时“多得无从下手”到“一根主线贯穿全部”**。

举个例子，很多学生都知道一个句子是由主、谓、宾、定、状、补组成的，很多老师也是这么讲的，用公式表示就是“句子=主谓宾+定状补”。这样讲没错，但是没用，不够直指核心，我想告诉大家的是——主谓宾就是句子的“主干”，定状补是句子的“修饰语”，大家说的“句子=主谓宾+定状补”，其实就是“句子=主干+修饰”！

说到这里，很多人都会幡然醒悟，原来句子的核心就是这么简单，但是以前学了十几年从来没有人这样讲。

大家不要小看这个公式，这个公式可以解决很多考试的实际问题。

句子=主干+修饰，这个公式中最关键的就是“修饰语”，所有的阅读和写作的问题都是出在这个“修饰语”上，一个长难句你看不懂因为“修饰语”太长了或者太难了，一个句子你需要把它由短句写成长句，也是需要往短句上添加“修饰语”。所以，阅读是做“减法”，减掉修饰语，让句子容易看懂；写作是做“加法”，在原句基础上添加修饰语，让句子变得更加精彩。阅读是卸妆，写作是上妆，而句子的化妆品都有一个共同的品牌——修饰语！

秘诀七、批课与练嘴

顶尖老师日常工作中最多的就是“批课”，即找一位经验丰富的老教师坐在教室里，你讲给他听，讲完让他把你讲课的问题揪出来，劈头盖脸地说一顿，说得越狠你的印象越深刻，改正得越快。很多新老师就是经过这样残酷的“摧残”，一点一点改正了自己的缺点，一点一点把自己的课程打磨得尽量完美，最后成为名师的。这确实是一个自我雕琢的过程，是每个老师都需要经历的，不能跨越。

对着田野演讲

再者，你来到我们公司的教室里，会发现一个恐怖的现象：每一个教室里有四位教师，面墙而站，自言自语，嘀嘀咕咕，有的时候还加上夸张的手势，这是老师们在“练嘴”。你备课备得再好，也是停留在讲义上或者电脑里，要把讲义里、电脑里的内容用嘴巴流畅地表达出来，这才是最终目的。**我们的老师很多时候不是在“备课”，而是在“背课”**。很多学生都觉得我们这些老师讲课的语速极快，信息量很大，这都是练嘴练出来的。

对着墙壁演讲

练嘴的场合有很多，天地之大，每一个地方都是你练嘴的地方。

我自己曾经对着护城河练过；

对着家里的镜子和墙壁练过；

对着闪烁的星空讲过；

还站在夜店门口的停车位上对着一排排的汽车讲过；

还在火车车厢之间的衔接处对着窗外的田野讲过；

曾经在每次上讲台之前找个走廊练过；

还在坐车的时候自言自语过，把出租车司机和公交车上的大娘吓坏了……

对着车流演讲

秘诀八、斗狠

我们公司有几千名教师，这群人有一个共同的爱好，就是演讲。每天的切磋自然必不可少，而且平时互相听课，互相提建议，也会让彼此超速成长。而且每年各种规模、各种级别、各种形式、各种老师参与的培训会议层出不穷，是绝佳的交流机会。

这几千名老师在一起碰撞，互相启发，互相影响，形成了一个巨大的场，群星璀璨，百花争艳。我们还有一个著名的“打分机制”，看一位老师讲课的本领大小，就看学生对他的认可程度，一看打分就明白了。大部分老师都会相互不服气，怎么办？斗狠！讲台上见分晓！在讲台上他们会使出各自的看家本领，形成了你追我赶、万马奔腾的局面，大家就会得到集体提升。

此外，我们公司是一个非常容易产生崇拜的地方，前辈教师、名师、主讲教师、集团优秀教师、明星教师都是老师们崇拜和学习的对象。

记得我曾经将一名老教师的讲课录音拷到MP5里，每天听着他的课入睡，坚持了整整一年，很多时候半夜醒来，MP5依然响着，耳塞里清晰地传来那位老师讲课的声音以及阵阵笑声和掌声。

还有一位托福写作老师对自己要求极其严格，备课巨狠，将托福写作题库里的185道作文题目全都逐一写过一遍，做事也巨猛无比，外号“屠夫”。他对自己要求极严，做事严谨认真，是我早期学习讲课的榜样之一，对我帮助很大。以前我的人生信条是“做人要厚道”，后来在他的影响下，人生信条变成了“做人要厚道，做事要凶猛”。

记得7年前，我把公司门口一个小摊上卖的网络课堂盗版光盘全部买光了，回到家每天都听到很晚。这件事情让卖盗版光盘的小贩百思不得其解，心想：“这哥们家里的盗版光盘比我手里的还多！他到底想干嘛？要抢我的生意吗？”我心中暗喜，**做事必须做到让别人产生了误解，才可能成功。**我收集了几十套网络课堂的光盘，每天听，每天模仿，收获很大。

另外，所有名师在大学里的讲座我绝不错过，不管是我们公司的老师讲还是竞争机构的老师讲，不管多远多晚，我一定会去现场聆听，记笔记，学习。我敢保证：每次听讲座，我都是现场听得最认真，笔记做得最详细的人。做好笔记，回到家，当天整理成电子版笔记，第二天打印成纸版笔记，反复阅读学习，电子版的笔记存档，作为我语料库的内容。

秘诀九、海量练习

在寒暑假的时候，很多老师讲上8-10个小时都是常事。所以，要做顶尖讲师，你还要体力好。平时会有无数的招生讲座，每讲一次讲座，你的讲课技术就会增进一点。**一件事情，只要你中途不退出，一直持续，一直持续，这件事情你一定会做得非常熟练，一旦熟练了，在别人眼里你就是牛人了，其实顶尖讲师就是这样炼成的。**一年365天，你能讲上280多天，坚持两年，你就会成为名师，一点悬念都没有！

有一次，公司里所有老师去集体体检，医生检查完说：**“我知道你们作老师的讲话多，扁桃体大，但是你们这群老师的扁桃体尤其大！我见过扁桃体大的，但没有见过这么大的！”**

任何光环的背后，都是心血的凝结。没有私下里海量的实战练习，就没有讲台上让学生为之疯狂的魅力教师！

最后，送给有着演讲梦想的年轻朋友们两句话，希望你们早日实现梦想：

如狼似虎的成长欲望！
一代宗师的终极梦想！

讲课牛A的9个秘诀

秘诀一	讲自己所做，做自己所讲
秘诀二	“万恶的”逐字稿
秘诀三	20：1的备课时间
秘诀四	将所有参考书搬回家
秘诀五	无处不使坏
秘诀六	备课的两个思路
秘诀七	批课与练嘴
秘诀八	斗狠
秘诀九	海量练习

菜花宝典

这是一本江湖中失传千年的秘笈，
今天重新呈现在你的面前……

此宝典搅乱了江湖

盛世之年，风云骤起，血雨腥风……

据传，有一部秘笈，名曰“菜花宝典”，得之可称霸江湖。

吾，一介白衣书生，欲舍身忘死，探寻此典，救芸芸众生于水火。

吾不入地狱，谁入地狱？！

历经五载，多少次夜不能寐，多少次废寝忘食，多少次梦萦魂牵，多少次殚精竭虑……

终有一日，宝典在手。

苦心人，天不负！

此刻，试问：天下谁与争锋？！

此时，吾清泪盈盈，血脉翻腾。耳畔响起圣贤之殷殷教导：大家好，才是真的好！

于是，吾致余生之力，广传此宝典，邀请诸君共同写就此书，福泽众生。

从此，江湖之中，是一片祥和安宁的景象……

绝学1

信仰，就是相信你没见到的！

《信仰宣言》

一个人能成为领袖，因为他能把相信推升到信念，再把信念直接推升到信仰。

经营任何事业，都要从相信开始！

一切从相信开始！

你本身有什么样的文化和信念，你本人就会有多强大，你就会成为什么样的人。

你的信念有多坚定，你的人生和事业就会有多坚定；

你的梦想有多大，你的人生就会拉到多高；

你的志向有多高，信仰有多坚定，你就会有多大的智慧。

你的文化和信念，就决定你是什么。

没进入相信的状态，你们永远都在用体力和脑力做事情。

用体力和脑力，最多在红尘上混口饭吃。

真正想进入事业，必须进入那种超越体力和脑力的世界。

这种世界，就是充满了信仰的精神世界！

请写下自己的奋斗信仰，

并将此信仰践行一生！

自悟心法：

自悟心法：

绝学2

拜师的三重境界

《拜师》

老师是让你明白，大师是让你醒来。
老师是在你心里不断地装什么，大师是让你心里不断地生长出什么。
过去的师再好，我们尊崇他，我们敬仰他。
但是，更为重要的是——我们要超越他。
真正的师道，真正的爱师是——超越老师。

当下英雄为无上英雄。
要像对待孔子、老子一样对待李嘉诚、马云、姚明、章子怡、杨利伟、公司第一名。
任何领域，超越你的人皆为师。
当你把这个作为对“师”的理解和师道的时候，你就会一日千里，无限超越。

写下你对“拜师三境界”的理解

初级境界——“以大师为师”。

中级境界——“以每个人为师”。

终极境界——“以天下为师，然后师天下”。

菜花宝典

自悟心法：

绝学3

做一个狂热的方法论者!

有一个朋友准备采购一批大豆销售，他怕卖不出去赔钱，就问我："大豆有几种赚钱的方式？"

你也许会说，大豆就是最普通的农作物，还能卖出什么新花样来？

错！**所有的问题不是不可能，而是你暂时没有找到解决的方法**，切记这句话！

第一种思路：直接卖豆子。

如果豆子卖不动，把豆子沤成豆瓣，卖豆瓣；

如果豆瓣卖不动，腌了，卖豆豉；

如果豆豉卖不动，加水发酵，卖酱油。

第二种思路：还是直接卖豆子。

如果豆子卖不动，把豆子做成豆腐，卖豆腐；

如果豆腐不小心做硬了，改卖豆腐干；

如果豆腐不小心做稀了，改卖豆腐花；

如果实在太稀了，改卖豆浆；

如果豆腐卖不动，放几天，改卖臭豆腐；

如果还卖不动，让它长毛，彻底腐烂，改卖腐乳。

第三种思路：依然直接卖豆子。

如果豆子卖不动，让豆子发芽，改卖豆芽；

如果豆芽卖不动，让它长大，改卖豆苗；

如果豆苗卖不动，让它再长大，改卖盆栽，起个浪漫的名字"豆蔻年华"，卖给小学生、中学生、大学生还有公司里的白领和金领，这次卖的可不是食品而是文化；

如果盆栽卖不动，就把它搬到闹市区玩行为艺术，题目是"豆蔻年华的枯萎”，同时以老百姓的身份给各大媒体打电话爆料，如果成功你就可以用豆子的代价迅速成为一名知名的行为艺术家以实现这次生意的资本回收，最后还会从媒体那里收到爆料奖金；

如果你的行为艺术没人看，爆料奖金没拿到，赶紧找块地，把豆苗种下去，灌溉施肥，三个月后收成豆子，再拿去卖。

如上所述，循环做下去。

经过N次循环，你就会成为豆子大王，那时候，你就可以想卖豆子卖豆子，想做豆腐做豆腐！

任何现实的绝境，一定源于知识与方法的匮乏。

如果你有种豆子的知识，又有开发豆产品的方法，生意何愁不好呢？

我再重复一遍：**所有的问题不是不可能，而是你暂时没有找到解决的方法。**

你要相信：只要肯想，一定有办法！

跟我一起，成为一名狂热的方法论者吧！

成为狂热方法论者的7个自我暗示——

第一、我喜欢收集方法！我喜欢使用方法！我喜欢解决难题！

第二、一定要围绕目标思考方法！

方法是让我更简单、更快乐地实现目标，而不是远离目标！

第三、遇到任何难题，我都能写出50种精彩绝伦的解决方案！

YES！ I CAN！

第四、方法要“想”，更要“找”！

我能从“书”上找到方法！

我能从“事”上找到方法！

我能从“人”上找到方法！

第五、“独处”有利于找到方法，“发动群众”更有利于找到方法！

第六、我有创造方法的强悍意志力！我有“施瓦辛格式”的思考肌肉！

第七、未来的文盲不是“知识盲”，而是“方法盲”！

自悟心法：

绝学4

哈佛精英是怎样练成的？

请背诵20句哈佛箴言，永不忘记。

1. 此刻打盹，你将做梦；而此刻学习，你将圆梦。
2. 我荒废的今日，正是昨日殒身之人祈求的明日。
3. 觉得为时已晚的时候，恰恰是最早的时候。
4. 勿将今日之事拖到明日。
5. 学习时的苦痛是暂时的，未学到的痛苦是终生的。
6. 学习这件事，不是缺乏时间，而是缺乏努力。
7. 幸福或许不排名次，但成功必排名次。
8. 学习并不是人生的全部。但既然连人生的一部分——学习也无法征服，还能做什么呢？
9. 请享受无法回避的痛苦。
10. 只有比别人更早、更勤奋地努力，才能尝到成功的滋味。
11. 谁也不能随随便便成功，它来自彻底的自我管理和毅力。
12. 时间在流逝。
13. 现在流的口水，将成为明天的眼泪。
14. 狗一样地学，绅士一样地玩。
15. 今天不走，明天要跑。
16. 投资未来的人，是忠于现实的人。
17. 受教育程度代表收入。
18. 一天过完，不会再来。
19. 即使现在，对手也不停地翻动书页。
20. 没有艰辛，便无所获。

请记住：第一、哈佛精英比普通人优秀就优秀在——强大的学习能力！

第二、人与人最大的差别在于——业余时间！

第三、哈佛只比普通人多了一样东西——清晰无比的人生目标！

自悟心法：

菜花宝典

我的撼世心法

绝学5

做悍将，不做才子！

请你抬起双脚踏上成为悍将的六个阶梯

Level 1，你要学习的是——**理论**。

Level 2，你要学习的是——**实战**。

Level 3，你要学习的是——**冷酷**。

Level 4，你要学习的是——**理智**。

Level 5，你要学习的是——**判断**。

level 6，你要学习的是——**坚强**。

自悟心法：

绝学6

读万卷书是最大的耻辱！

我不是让你不读书，而是让你读对的书。

读错了书，读得越多，毒害越深！

读对的书，数量要少而精！

我不是让你不读书，而是让你“使用”书，只读不用就是书呆子！

读书只是初级境界，思考+实践才是高级境界，在实践中思考，在思考中再实践！

列出今年你应该阅读的十本书：

（前三本必然是我的书，有些大言不惭，呵呵）

《凶猛成长》、**《嚣张奋斗》**、**《青春霸道》**、

________、________、________、

________、________、________、

________。

书生“改命”的六条法则

第一条：书生要俗！书生要实际！书生要现实！书生说了以后必须马上做！

书生不要光说不练！不要总是意淫！

第二条：书生要行万里路！书生要“重体验、轻理论”！

第三条：书生要敢想敢做！勇气为先！

第四条：书生要勇当“出头鸟”，敢于表现自己！

书生要能当“九头鸟”，九条命，百折不挠！

第五条：书生在关键时期要冲动，敢用生命去争取！

第六条：书生要有血性、有理想，有成就大事的野心！

自悟心法：

绝学7

成事不需要知识，只需要常识!

请用一天的时间背诵我最推崇的10条常识，可以先记住再理解，开始吧！

1. 成功人士之间比谁更成功，就比三个字——影响力。

2. 只有两种东西可以让人终生铭记——美丽无比的东西和丑陋无比的东西。

3. 思考，让你明白；行动，让你成为。

4. 财富，来自于你认识的人和认识你的人。

5. 人脑是阵地，如果不被正面占据，就会被负面占据。

6. 世上不存在完美。创业，就是有什么条件用什么条件起步。（“铁人”王进喜说：有条件要上，没有条件创造条件也要上！）

7. 当别人说你是疯子的时候，你已经走在成功的路上。每天按部就班、上班下班，却幻想成功，这样的人才是真正的疯子。

8. 辉煌=坚持+持续

（“坚持”是“持续”的初始阶段，只要起步时“坚持”，以后惯性地“持续”就可以创造辉煌。）

9. 打江山，需要悍将和谋士，不需要才子。

10. 领导力，即“爱人”的能力。爱人，随时随地拯救他人。

自悟心法：

绝学8

跟我走吧，闯荡天下！

有一次，我去一所地级市大学演讲，本来以为这是一座普普通通的大学，没想到去了以后惊诧不已：这所大学居然是中国单体校园面积最大的一所，而且与多个国家的一流学校合作，开设了前沿的高尔夫、美容美发本科专业。

我喜欢走到哪里“消化”哪里，就问这所大学的党委书记：这所大学为什么会在那么短的时间里有这么快速的规模化发展？这位书记告诉我，这要得益于学校领导及老师大力推广的“国际视野”培育工程。

“国际视野”培育工程要求本校的学生掌握**“三种知识”**、**“一种技能”**：

第一种知识：国际通行规则；

第二种知识：世界发展新趋势；

第三种知识：世界文明成果。

一种技能：国际交流技能。

为此，校方建立了**“四个一”**工程：

一套教材：世界闻名成果教材，最新趋势信息教材，交流技能训练教材；

一批项目：互换一批教师，交流一批学生，引进一批课程；

一系列平台：外语教学平台，外语交流平台，国际文化学习平台，国际学术交流平台；

一个评价机制：设立评价标准，建立考评办法，构建监测体系，实施奖励机制。

请认真填写：

一年之内，你要去哪三座城市旅游、学习、考察？

第一座城市：________________ 时间：________________

第二座城市：________________ 时间：________________

第三座城市：__________ 时间：__________

两年之内，你要去哪两个国家游历、学习、考察？

第一个国家：__________ 时间：__________

第一个国家：__________ 时间：__________

你的一生，将要去哪些城市、国家、星球历险，成就一生的传奇？

自悟心法：

绝学 9

你还没成功，因为你还没被人误解！

别人可以误解你，但是你最好不要误解别人，因此请按照下面六条原则看人、做事：

看到眼前，也看到过往；
看到这里，也看到那里；
看到局部，也看到整体；
看到个体，也看到群体；
看到表层，也看到根本；
看到现象，也看到核心。

普通人会对成大业者的五项特质产生误解，这五点你能不能做到？

1. 你能不能做到“以孤独为乐”？

2. 你能不能做到屡战屡败，屡败屡战？

3. 你能不能认清“忍受屈辱，是成就大业的必备素质”？

4. 你能不能做到激情四射，对事业爱得波澜壮阔？

5. 对众人的误解，你能不能做到“不怒、不争、不解释”？

自悟心法：

绝学10

快乐的最高境界

英国《太阳报》曾以“什么样的人最快乐”为题，举办了一次有奖征答活动，从应征的80000多封来信中评出4个最佳答案：

第1个：作品刚刚完成，吹着口哨欣赏自己的作品的艺术家。

第2个：正在用沙子筑城堡的儿童。

第3个：为婴儿洗澡的母亲。

第4个：经过千辛万苦的治疗，终于挽救了危重病人的医生。

第一封信告诉我们：**成功人士的快乐来自工作，工作中的快乐来自巨大的成就感。谁拥有了成就感，谁就学会了工作，谁就可能在行业内登峰造极、逍遥快乐！**

第二封信告诉我们：**要学会快乐，必须学会想象，能让你兴奋不已的想象；要学会快乐，必须对未来充满希望，一种纯净无比的希望。**

第三封信告诉我们：**要学会快乐，心中一定要有爱——那种无私、无畏、纯净、欣喜的爱。**

第四封信告诉我们：**要学会快乐，必须具备1种甚至N种技术，这样你才具有助人为乐、行侠仗义的能力，你才可以用自己助人的能力换得快乐的奖赏。**

你觉得“快乐的最高境界”是什么？

自悟心法：

绝学11

引导力

"引导力"自测问答

第1个问题：我有没有下定决心成为一名优秀引导者？
　　　　　我有没有下定决心掌握引导力绝技？

我最认真的回答是：________________________。

第2个问题：我有没有通过强大的自信引导没有自信的人？

我最认真的回答是：________________________。

第3个问题：我有没有通过"凡事制订游戏规则"的方式引导他人？

我最认真的回答是：________________________。

第4个问题：我有没有独创一种媒介去引导狂热的粉丝？

我最认真的回答是：________________________。

第5个问题：我有没有通过"服务他人"的方式练就自己的引导力？

我最认真的回答是：________________________。

第6个问题：我有没有创造物质财富和精神财富从而引导没有这两种财富的人？

我最认真的回答是：________________________。

第7个问题：我有没有真正理解"世界上的引导，一定是'有'的人引导'无'的人"这句话？

我最认真的回答是：________________________。

第8个问题：我有没有用温暖的爱和坚定的信仰来引导众人？

我最认真的回答是：________________________。

自悟心法：

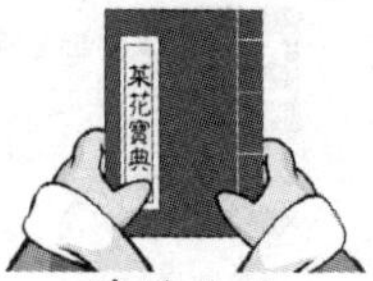

绝学12

人世间最大的完美是什么?

你想过普通的生活，就会遇到普通的挫折。

你想过上最好的生活，就一定会遇上最强的伤害。

这个世界很公平，你想要最好，就一定会给你最痛！

能闯过去，你就是赢家，闯不过去，那就乖乖退回去做个普通人吧。

所谓成功，并不是看你有多聪明，也不是要你出卖自己。

而是看你能否笑着把“不完美”转化成“完美”，并持续奋斗一生！

——张一楠

请列出你觉得不完美的三件事：

第一件：______________________________。

第二件：______________________________。

第三件：______________________________。

请写出你转化这三件事的最有创意的思路。

针对第一件事的转化思路：____________________。

针对第二件事的转化思路：____________________。

针对第三件事的转化思路：____________________。

自悟心法：

绝学13

主动是天堂，被动是地狱！

我有一个小兄弟，从大学一年级开始创业，今年只有24岁，现在在浙江做童装生意，略有所成。他有一个相当厉害的本事，就是善于主动结识比他更强的人。

早在他上大学时，为了认识我，他收集了一整套《毛泽东选集》大老远给我送来，让我觉得跟他相见恨晚；后来他为了结识一位有成就的企业家，专门从山东请书法家写下一副他自己想好的匾额，上面写着：智信赢天下，尚德铸百年！而那位企业家的公司叫做“智尚”。

主动结识牛人，是你修炼人生的头等大事。

今年，你想主动去结识的五个人是：

1. ______________________________
2. ______________________________
3. ______________________________
4. ______________________________
5. ______________________________

自悟心法：

自悟心法：

菜花宝典

我的撼世心法

绝学14

主动，就是促使事情发生！

此生，你最想去做的十件事是什么？

1. ______________________________
2. ______________________________
3. ______________________________
4. ______________________________
5. ______________________________
6. ______________________________
7. ______________________________
8. ______________________________
9. ______________________________
10. ______________________________

请主动、主动、再主动！去做！

自悟心法：

绝学15

每位姑娘，都是一条汉子！

每一位女生（如果正在阅读本书的你是一位纯爷们，请让自己的女朋友或太太）记住下面十句话：

1. 二十多岁，是一个女生最美好、最美丽的年华。最美丽的时候如果在安逸舒适中度过，那么，美好之后呢？
2. 女生，不论什么时候，什么处境，都请有自己的梦想和奋斗。
3. 每一个成功的男人背后都有一个得力的女人。也许你不得力，但至少你不要成为他努力向上道路中的下拉阻力。即使他是超人，地球引力这么大，拖个尾巴负重飞行也不容易！
4. 你会问：老娘为什么要奋斗？我想问你：男生在奋斗，你为什么不呢？你不是天天讲“男女平等”吗？
5. 有一个女孩说，她宁肯在富人的宝马车里哭泣也不愿坐在穷人的自行车上微笑。楠哥懒得骂人，只是用力地向她甩去鄙视的眼神。
6. 现在，年轻美貌的女孩儿跟韭菜般一截一截地生长出来，请问：大姐，你的美貌能撑多久？
7. 社会在堕落，你不洁身自好，也不需要最先堕落。
8. 女人，请不要空等男人来给你幸福，在你得到男人所给的幸福之前，请你先有能力自己给自己幸福。
9. 如果你在职场上忍受不公，想一辈子在家里庸俗终老，还以为“丑女永无出头之日”，这将是你的耻辱！
10. 承担社会进步责任的，从来都不应该仅仅是男人。女生，你为什么不去奋斗？记住：每位姑娘，都是一条汉子！

自悟心法：

绝学16

一个男人的劲道人生

如果你哭，你的对手就会笑。
如果你笑，你的对手就会哭。
人生就像愤怒的小鸟，每次你失败的时候，总有几只猪在笑。
你要做的就是无视嘲笑的声音，给自己打气。
自信地微笑，再自信地做好该做的事。
男人，勇敢一点，真的没什么大不了！

请用8个“四字词”概括你心目中“劲道男人”的8种特点：
本书作者定下的“劲道男人”的标准

1. 无所畏惧
2. 百折不挠
3. 有情有义
4. 成熟冷静
5. 敢爱敢恨
6. 人情练达
7. 闯荡天下
8. 幽默快乐

你心目中“劲道男人”的标准

一个男人，没有责任心，就算思想再成熟，仍是个男孩，
一个男人，没有上进心，就算家财万贯，仍是个废物。
我从不写卿卿我我、唧唧歪歪的文章。
我要永远激情澎湃，永远血脉贲张，永远阳光明媚，永远斗志昂扬！
同时，也希望本书的每位男性读者都成为响当当的“励志哥”！

自悟心法：

菜花宝典

我的撼世心法

绝学17

要计算，不要算计

——六种习惯练就强悍的数字能力——

1. 从今天开始，下定决心做一个数据狂人，告别“想当然”，以“精确无误”自我标榜。

   我是这样做的：______________________

2. 从今天开始，下定决心做一个“Excel做表达人”，如果你是果粉就做“Numbers做表达人”，江湖人称“大表哥”（或“大表姐”）。

   我是这样做的：______________________

3. 每天做3次数字游戏。

   我是这样做的：______________________

4. 学会理财，了解股票、基金及银行中的各种理财产品，学会计算银行利息。

   我是这样做的：______________________

5. 开始记录“收入”与“支出”的每一笔费用，锻炼最基础的财务报表能力。

   我是这样做的：______________________

6. 计算器随身携带或者每天使用手机中的“计算器”功能三次以上。

   我是这样做的：______________________

自悟心法：

绝学18

讲课牛A的9个秘诀

“顶尖讲师速成宝典”之“10大自测问答”。

准备好了吗？请系好安全带！开始问自己：

第1个问题：我__________（自己的名字）一定要在____年____月____日成为____________类讲师。

第2个问题：我有没有“讲自己所做，做自己所讲”？

我最负责任的回答是：____________________________________。

第3个问题：我有没有开始写“万恶的”逐字稿并爱上写这玩意儿？

我最负责任的回答是：____________________________________。

第4个问题：我有没有花20∶1的时间去备课？

如果我不这样做，凭什么是我不是别人成为中国最牛B的讲师？

我最负责任的回答是：____________________________________。

第5个问题：我有没有将书店（包括网上书店）里所有的参考书搬回家？

我有没有施展“吸星大法”一阵狂吸收、猛借鉴？

我最负责任的回答是：____________________________________。

第6个问题：在准备和演讲时，我有没有做到“无处不使坏”？

我最负责任的回答是：____________________________________。

第7个问题：我有没有使用两大核心思路（扩展与归纳）？

我最负责任的回答是：____________________________。

第8个问题：写好稿子以后，我有没有去练嘴一个月？

我有没有从“备”课进展到“背”课？

我最负责任的回答是：____________________________。

第9个问题：我有没有在演讲事业中敢于“争强斗狠”，敢于超越任何一位讲师？

我最负责任的回答是：____________________________。

第10个问题：我是不是同龄讲师中最勤奋的？我有没有做到海量练习？

我最负责任的回答是：____________________________。

最后，送给你一个最值钱的问题：

我有没有“如狼似虎的成长欲望”？

我有没有“一代宗师的终极梦想”？

我最负责任的回答是：____________________________。

自悟心法：